하루 한 권, 통증

시모지 고키 지음 김현정 옮김

몸과 마음이 아픈 이유와 고통에서 벗어나는 몇 가지 방법

시모지 고키

니가타대학교 의학부 교수, 미네소타대학교 객원 교수, 뉴욕의과대학교 객원 교수, 런던대학교 객원 교수를 거쳐, 현재는 니가타대학교 명예 교수, 영국 왕립 마취과학회 전문의(FRCA), 미국대학교 마취과의회 회원(AUA), NPO 표준의료정보센터 이사장, 통합의료예방의원 원장, 의료법인 세이신카이요시다 병원 고문, 의료법인사단 세이케이카이 다무라외과병원 고문, 니지하시클리닉 고문, 암 연구회 유메이병원 비상근 고문, (유)페인컨트롤연구소 회장, 세계 4대 의학 저널 편집 위원이다. 그리고 다양한 전문 저서(영문 및 일문)를 출간하였다.

들어가며

사람은 살아 있는 한 누구나 심신의 통증을 경험한다. 역설적인 표현이지만, 통증은 살아 있다는 증거라고 할 수 있다. 통증의 원인을 밝히고 그 통증을 다루는 방법을 찾는 것은 살아가는 데 있어 굉장히 중요한 일이다. 그래서 이 책은 통증이란 무엇인지와 같은 근본적인 이야기를 비롯하여 통증의 원인과 그 통증이 초래하는 건강 장애와 치료법, 예방법에 대해 다룬다.

'통증'은 한 단어지만 많은 의미를 내포하고 있다. 손발 등이 저리는 비정상적인 감각이나 큰 수술 후 나타나는 찌뿌둥함, 나른함, 뻐근함 등도 통증에 포함되며 신체적인 감각뿐만 아니라 슬픔이나 걱정, 불안, 긴장, 고도의 스트레스 등 심리적인 감각도 통증에 해당한다.

이런 감각들은 신경을 통해 발생하는 병적인 통증 감각이며, 말초신경에서 신경 정보로 받아들여지고 척수에서 변환된 뒤 뇌로 이동한다. 이 정보가 시상(감각이 소뇌와 바닥핵에서 대뇌 겉질로 전달될 때 중계 역할을 하는 부분 - 옮긴이)의 중계를 통해 대뇌피질(신경 세포체가 모여 있으며, 감각을 종합하고, 의지적인 운동 및 고도의 지적 기능을 담당하는 부분 - 옮긴이)의 감각령에서 감지되면 대뇌변연계(뇌에서 방어와 생식 따위의 생존과 관련된 반응에 대한 감정 및 기억과 관련된 부분 - 옮긴이)에서 고통이 되어 그 사람의 감정을 지배한다. 그리고 이 고통이 대뇌변연계에서 뇌의 깊은 곳에 있는 시상하부로 이동하여 자율신경과 호르몬의 병적인 변화를 초래한다.

한편 슬픔이나 걱정, 불안, 긴장, 심한 스트레스 등 심리적 문제에 노출되면 신체적 통증에 대한 역치가 낮아지고(통증에 민감해짐), 원래는 정상이

었을 신체 부위에 새로운 통증이 발생하기도 한다.

통증 감각은 이상 신호(병적 상태)를 감지하여 뇌에 알리고, 그 상태에서 벗어나기 위해 작동하는 생체 경보 장치다. 그렇지만 통증 감각이 작동하면 인간(혹은 동물)은 고통스러워진다. 다양한 원인에 의해, 통증 자체가 병이 되어버리기 때문이다. 면역기구가 비정상적으로 활성화되면 오히려 건강을 해치는 것과 비슷한 원리이다.

불쾌한 상태가 지속될 때 몸과 마음은 정상적으로 기능하지 못한다. 통증이나 불쾌함에서 단기간에 벗어나면 몸과 마음이 정상으로 돌아올 수 있지만, 그 상태에 오래 노출되면 손상된 마음과 신체적 기능을 정상화하기가 어려워진다. 이것이 문제이다. 통증이 기억되어 다양한 악순환의 원인이 되는 것이다. 예를 들면 다음과 같다.

통증 발생 → 불안 상태 → 교감신경 긴장 → 혈압 상승 및 심박수 증가 → 말초 순환 장애 → 병세 악화 → 통증 고조

제1장, 제2장은 통증에 관한 각종 의문을 의식, 감정, 자율신경과의 상관관계와 함께 다룬다. 제3장은 임상시험에서 볼 수 있는, 통증을 일으키는 질환에 대해, 제4장에서는 그런 질환의 치료 방법에 대해 설명한다. 또한 통증에 대한 마음가짐이나 대처 방법 등을 통증전문의 입장에서 제시한다.

이 책은 엄밀히 말해서 과학 서적은 아니다. 다만 과학적인 사실을 최대한 쉽게 설명했으며, 50여 년에 걸친 임상 경험을 바탕으로 저자의 생각을 정리했다. 의학 용어는 최대한 피하고 일상적인 단어를 쓰려고 노력했으나 병명 · 해부학 용어는 어쩔 수 없이 그대로 사용하였다.

초판이 간행된 후 여러 지인과 환자들에게 애정 어린 비판을 받았는데,

이번 개정판에서는 그들의 목소리에 귀 기울여 더욱 읽기 쉽게 쓰고, 최대한 최신 의학 정보를 실으려고 노력하였다. 이 책이 독자 여러분의 몸과 마음 통증 개선에 조금이라도 도움이 된다면 저자로서 더할 나위 없이 기쁠 것이다.

시모지 고키

목차

제4장 통증을 어떻게 케어할까?

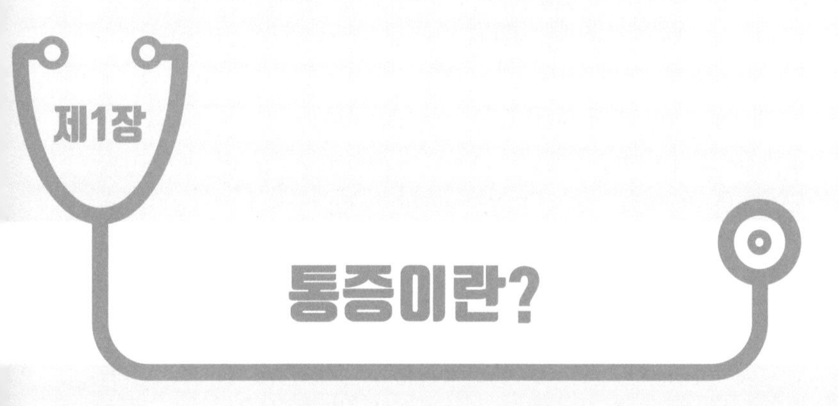

제1장

통증이란?

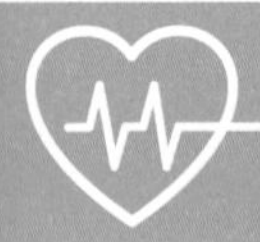

통증은 생체의 항상성(호메오스타시스)을 무너뜨린다

'통증'이라는 단어는 일상 속에서나 진료 현장에서 자주 사용되는 말로, 고통을 동반하는 감각의 일종이라는 것은 누구나 알고 있다. 하지만 그 실체나 구조에 대해서 잘 아는 사람은 극히 소수이다.

통증은 고통이자 불쾌함이며, 이는 스트레스로 연결된다. 불쾌한 스트레스가 지속되면 삶의 질이 떨어진다. 통증이 지속되면 뇌의 시상하부라는 중추를 통해 자율신경계에 이상이 생기고, 그 결과 심장이나 혈관, 소화기관 등에서 기능 장애가 발생한다. 또 대뇌 외측연(어떤 구조에서 정중면으로부터 가장 멀리 떨어져 있는 가장자리 – 옮긴이)에 있는 대뇌변연계를 통해 정신적인 증상을 유발하며, 뇌 속 깊은 곳에 있는 뇌간망양체(신경세포와 신경 섬유의 집단. 호흡과 혈압을 조절하고 의식이나 주의력을 유지하는 데 중요한 역할을 한다. – 옮긴이)를 통해 불면증을 초래한다.

만성 통증은 업무 능력을 극단적으로 떨어뜨린다. 고통과 통증이 없는 생활이 가능하다면 인간의 삶은 더욱 풍요로워지겠지만, 이는 현실적으로 불가능하다. 모든 사람은 많든 적든 몸과 마음의 통증을 안고 살아간다. 생각을 바꿔 보면, 인생 자체가 통증의 연속일지도 모른다. 그래서 이 통증을 어떻게 치유하고 극복하느냐가 중요하다.

통증이 지속되면 시상하부(자율신경과 호르몬을 조절하는, 뇌 하부에 있는 조절 중추)를 통해 유지되어야 하는 신체의 항상성이 무너지고 심신 장애의 악순환이 형성된다(**그림 1–1**).

항상성이란 외부 환경의 변화나 음식물의 영향과 상관없이 사람이나 동물의 체온 · 혈당수치 · 혈액 산성도와 같은 생리적인 상태가 일정하게 유지되는 것, 또는 그 구조를 말한다. 이는 주로 자율신경계와 내분비계의 활동으로 유지된다. 예를 들면 여름철 폭염에는 자율신경이 활발해져 땀이나

그림 1-1 : 생체의 항상성을 담당하는 뇌 속 깊은 곳의 시상하부

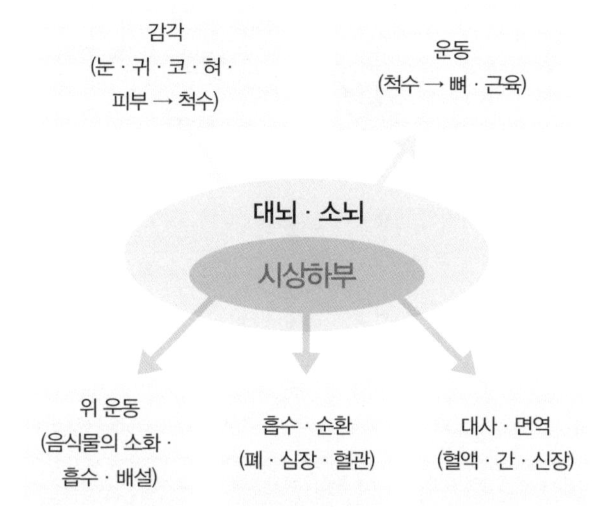

통증을 포함한 모든 외부 자극은 뇌로 들어가 최종 통로인 시상하부로 모인다. 그리고 여기에서 자율신경과 호르몬 분비를 조절하여 생체의 항상성을 유지한다.

불감증산(느끼지 못하는 사이에 피부의 수분이 증발하는 현상)에 의해 체온이 37℃ 이상으로 올라가지 않는다. 그러나 여기에도 한계가 있어서 기온이 과도하게 높아지면 더 이상 항상성이 작동하지 않게 된다.

20세기 후반에 들어서면서 통증을 완화하는 방법이 비약적으로 발전했다. 그 그늘에는 수많은 기초 연구자와 임상 시험가를 비롯한 선인들의 피나는 노력이 있었다. 통증의 본질은 여전히 제대로 밝혀지지 않았지만, 완화하는 방법은 분명히 있다. 통증의 종류는 수없이 많으며, 치료 방법 또한 다양하다. 전문가와의 상담을 통해 자신에게 맞는 방법으로 충분히 조절할 수 있다.

또 통증은 의식 및 정서와 깊은 관련이 있다. 정신적으로 긴장하고 불안한 상태에서는 통증에 과민해지고, 반대로 안정적인 상태에서는 통증의 역

그림 1-2 : 신체 통증과 마음 통증의 관계

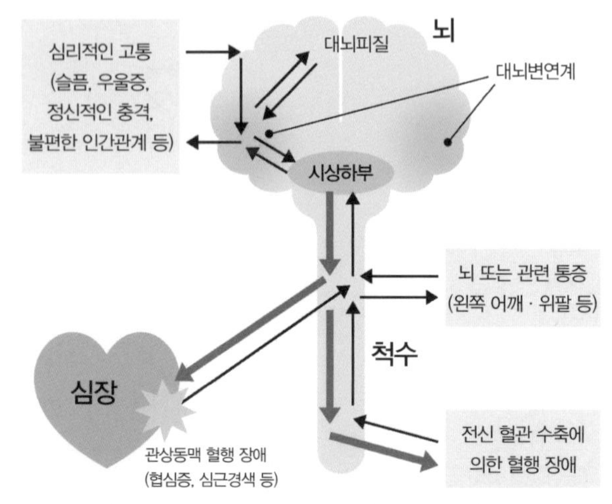

신체 통증은 마음 통증을 유발하고, 마음 통증은 다시 신체 통증을 유발한다.

치(통증을 느끼기 시작하는 세기)가 높아져 통증을 잘 느끼지 못하게 된다. 이처럼 통증은 의식 상태, 정신 상태, 집중도와 깊은 관계가 있다(**그림 1-2**). 그런데 '통증 · 의식이란 무엇일까'에 대해 알아보면, 그 실체나 구조에 대해 제대로 밝혀진 것이 많지 않다. 통증이나 의식은 개인적, 상대적인 개념이라 발생 구조를 규명하는 것이 어렵기 때문이다.

통증 물질이란?

신체에 염증이나 허혈(혈류가 부족한 상태), 당뇨병, 통풍 등의 대사 질환이 발생하면 뇌가 통증을 느끼는데, 이는 신경말단에서 작용하는 통증 물질이 있기 때문이다.

그림 1-3 : 통증 물질과 단백질 수용체

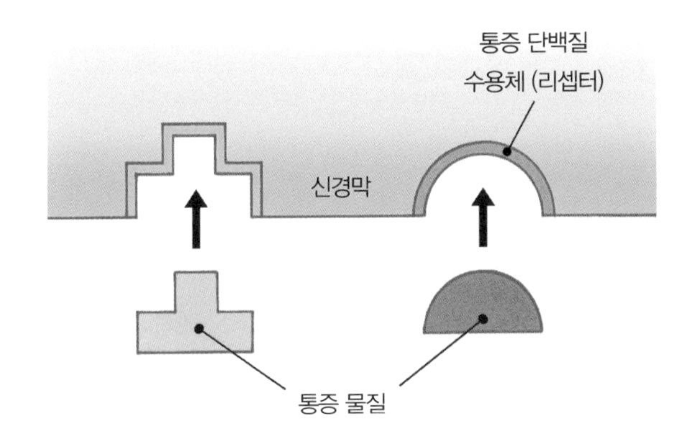

통증 물질은 원래부터 몸 안에 있는 것이며, 말초신경의 통증 단백질 수용체(리셉터)와 연결되어 있어 통증 신경을 자극한다(**그림 1-3**).

통증 물질에는 히스타민, 프로스타글란딘, 세로토닌, P물질, 아세틸콜린, 칼륨이온, 수소이온, 유산, 아라키돈산과 각종 인터로이킨 등이 있는 것으로 알려져 있다. 염증이 발생하면 통증 물질이 조직에 쌓여 통증 수용체를 자극한다. 통증이 공이라면, 통증 수용체는 그 공을 잡는 글러브라고 할 수 있다. 또한 조직에 허혈이 있어도 통증 물질이 쌓이며, 다양한 대사 질환에서 통증을 일으키는 것도 통증 물질이다.

최근에는 세포막에 많이 함유된 아라키돈산이라는 물질의 대사산물이 열상(높은 온도의 기체, 액체, 고체, 화염 따위에 데었을 때에 일어나는 피부의 손상 – 옮긴이) 통증 물질로 주목받고 있다. 아라키돈산은 다른 원인에 의한 통증 물질이기도 해서, 이를 차단하는 약도 활발히 연구되고 있다.[1, 2] 다만 이런 물질들은 말초신경에서는 통증 물질로 작용하지만, 뇌나 기타 조직에서 다른 작용을 하기도 한다.

1 Patwardhan AM, Akopian AN, Ruparel NB, Diogenes A, Weintraub ST, Uhlson C, Murphy RC, Hargreaves KM. : Heat generates oxidized linoleic acid metabolites that activate TRPV1 and produce pain in rodents.J Clin Invest. 2010;120:1617–26

2 Yang W,Yaggie RE, Schaeffer AJ, Klumpp DJ : AOAH remodels arachidonic acid–containing phospholipid pools in a model of interstitial cystitis pain: A MAPP Network study. PLoS One. 2020;15(9):e0235384.

통증을 느끼는 메커니즘

통증을 느끼는 메커니즘에는 신경 생리학적 메커니즘과 신경 생화학적 메커니즘, 병리학적 메커니즘, 심리학적 메커니즘 등이 있다. 통증은 시간적 요소를 고려해서 급성 통증과 만성 통증으로 분류할 수 있는데, 이때 각각 다른 메커니즘이 작동한다.

우선 베인 상처에 의한 통증의 신경 생리학적 메커니즘에 대해 알아보자. 예를 들어 피부에 자상을 입었다고 하자. 먼저 비교적 굵은 지각신경 Aδ(델타) 섬유가 기계적으로 직접 자극되어 뇌에서 '아프다'고 느낀다(**표 1-4**). 다음으로 따끔하거나 둔감한 통증이 이어진다. 이는 피부의 손상 부위나 혈액에서 온 통증 물질이, 얇은 C 섬유인 종말 수용체에 작용하기 때문이다(p.16 **그림 1-5**).

표 1-4 : 피부 감각의 신경 섬유 분류

신경 종류	역할	지름(μm)	전도 속도(m/s)
Aα	근육의 수축과 이완을 감지하는 근방추라는 수용체에서, 척수로 향하는 정보와 골격근의 긴장을 통제한다.	15	100
Aβ	촉각, 압각을 감지한다.	8	50
Aγ	뇌 정보를 근방추로 전달한다.	5	20
Aδ	통증을 빨리 전달한다. 온각, 냉각을 감지한다.	3	15
B	교감신경 절전섬유(척수 근처)	<3	7
C	교감신경 절후섬유(혈관 수축, 땀 분비 등). 통증이나 가려움을 천천히 전달한다.	1	1

이처럼 통증 감각에는 두 종류가 있다. 만성 통증의 대부분은 이 C 섬유에 의해 전달된다. 통증을 전달하는 신경은 질환의 종류에 따라 다른데, 통증의 신경 정보는 굵은 신경(Aδ섬유)과 얇은 신경(C 섬유) 양자에서 척수 뒤 후각(後角)으로 들어간다. 척수 후각으로 들어 온 통증 정보는 글루탐산이라는 화학전달물질에 의해 2차 뉴런으로 전달되고[3, 4] 이 자극은 척수 앞 전각(前角)에 있는, 운동을 관장하는 신경세포(운동 뉴런)에도 전달되어 근육을 수축시킨다(**그림 1-5**). 통증 자극이 있을 때 다리를 구부리는 것은 이 반사 때문이다. 이 반사 중에는 뇌의 중심부(뇌간)까지 갔다가 되돌아오는 것도 있다.

그림 1-5 : 통증 자극에 의한 운동반사

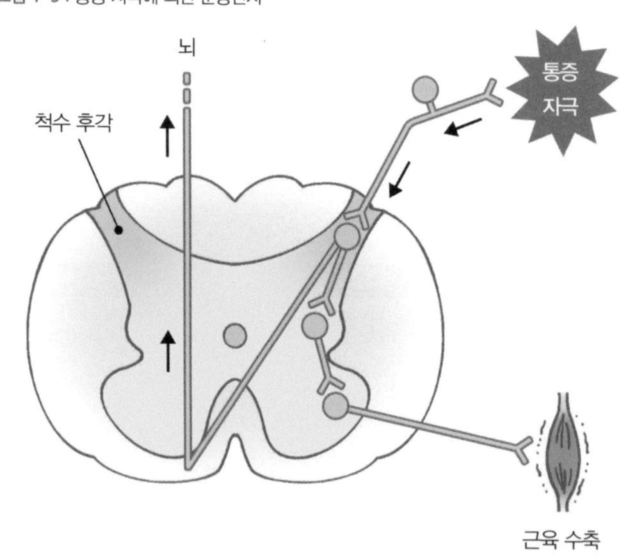

통증 자극에 반사적으로 다리를 움츠리는 것은 척수에서 통증 자극 정보를 신경세포로 전달하기 때문이다.

---

3 Petrenko AB, Shimoji K. : A possible role for glutamate receptor-mediated excitotoxicity in chronic pain. J Anesth. 2001;15:39-48.

4 Petrenko AB, Yamakura T, Baba H, Shimoji K. : The role of N-methyl-D-aspartate (NMDA)receptors in pain: a review. Anesth Analg. 2003 ;97:1108-16.

통증의 신경 정보는 척수 후각에서 변환(게이트 컨트롤, **그림 1–6**)된 뒤 척수를 상행하여 대뇌 가운데에 있는 시상이라는 중계 핵에서 다시 변환되는데, 이때 대뇌피질 지각령(체성 감각령)에서 '아프다'고 느낀다. 이 통증 정보는 대뇌에 이르기까지 세 개의 신경세포(뉴런)를 통과(중계)한다(**그림 1–5**, p.18 **그림 1–7**). 첫 번째가 말초신경 Aδ섬유와 C 섬유와 같은 1차 뉴런, 두 번째가 척수 후각에서 시상에 이르는 2차 뉴런, 그리고 마지막이 시상에서 대뇌피질에 이르는 3차 뉴런이다.

그림 1–6 : 게이트 컨트롤설(Melzack & Wall, PD, 1965년)

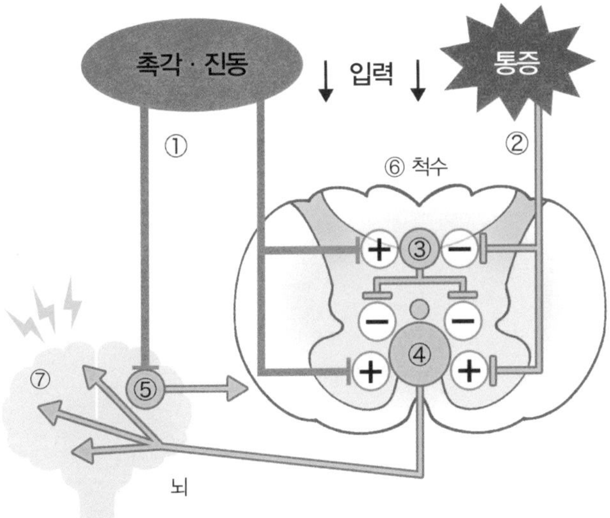

통증 패턴설의 일종. 병적인 통증을 전달하는 얇은 신경 신호②는 척수⑥로 들어가 통증 신호를 전달 세포④로 전달한다. ④는 뇌의 다양한 부위 ⑦로 통증 감각을 전달한다. 이때 촉각이나 진동 등을 전달하는 굵은 신경 신호①는, 사이 뉴런③을 통해 통증을 전달하는 전달 세포④를 억제한다. 또 굵은 신경 신호는 뇌⑤를 통해 척수의 이 신호 계열을 하행성으로 컨트롤한다. +, – 기호는 각각 흥분 신호와 억제 신호를 의미한다.

그림 1-7 : 통증 수용(체)과 전도, 대뇌로 들어가는 모식도

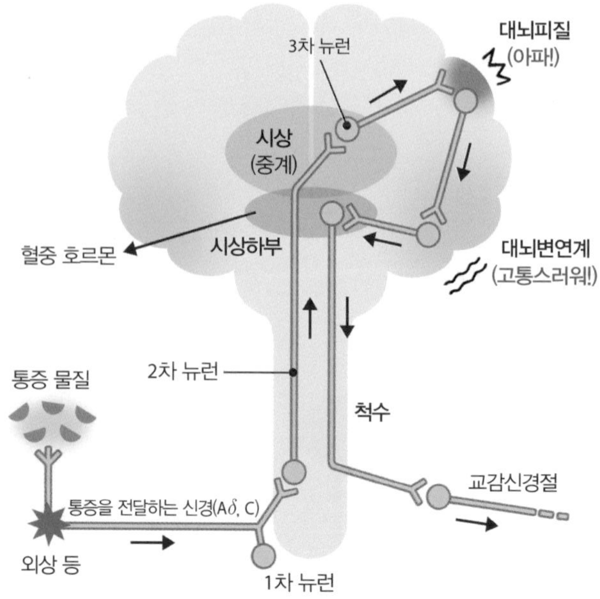

화살표로 나타낸 신경 섬유는 뇌 전체에 들어가 각성 반응을 일으키며, 동시에 대뇌변연계를 통해 감정 반응을 일으킨다.

통증을 뇌에 전달하는 두 가지 길

뉴런과 뉴런의 연결 부위(시냅스)에서는 화학전달물질(신경세포의 연결 부위나 신경 말단의 수용체에 작용하는 화학물질)이 통증 등의 정보를 전달한다(**그림 1-8**). 이 화학전달물질은 척수 후각의 1차 뉴런과 2차 뉴런의 신경 연결 부위, 시상에 있는 2차 뉴런과 3차 뉴런의 신경 연결 부위에서 작용하며(**그림 1-7**), 신경섬유에서는 통증 정보의 전도가 전기적으로 이루어진다(전기적 전도).

그림 1-8 : 중추신경(뇌와 척수)의 상세 구조

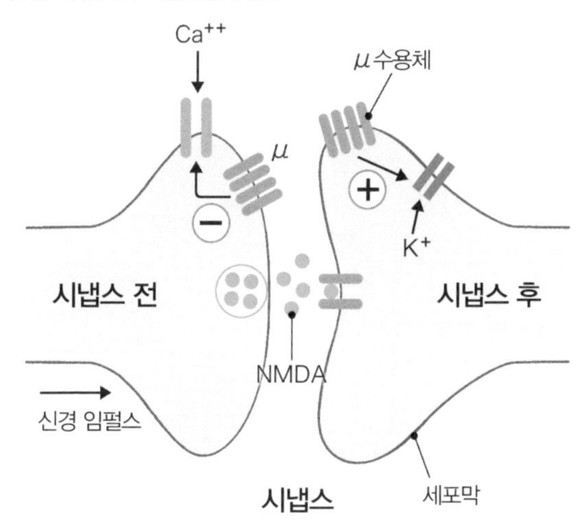

신경과 신경의 연결 부위(시냅스)에서 통증 등을 전달하는 NMDA(화학전달물질)이 시냅스 전막에서 방출되려면 Ca 이온이 필요하다. 오피오이드(마약 등)는 μ수용체를 자극하여 Ca 이온의 유입을 저지함으로써 NMDA의 방출을 억제한다. 또 시냅스 후막에서는 막 내부의 K 이온 방출을 촉진하여 신경 임펄스(충격) 발생을 방지한다.

이에 반해 시냅스에서는 정보를 화학적으로 전달(화학적 신경전달)하는데, 이런 구조는 다른 감각인 촉각이나 진동각, 압각, 온각, 냉각 등과 비슷하다. 1차 뉴런은 척수에서 2차 뉴런으로 통증 정보를 전달하고, 2차 뉴런은 시상에서 3차 뉴런으로 통증 정보를 전달한다. 최종적으로 3차 뉴런이 대뇌의 감각령으로 통증 정보를 전달한다.

이와 동시에 또 다른 통증 정보는 뇌 가운데에 있는 뇌간망양체(의식을 유지하는 데 중요한 부위)와, 지각의 중계 핵인 시상의 비특수핵(수판내핵)이라는 부위에도 전달된다(**그림 1–9**). 뇌간망양체로 들어간 통증 정보는 대뇌 전체로 퍼져 뇌를 흥분(각성 · 긴장)시킨다.

그림 1–9 : 뇌 전체로 확산되는 통증 정보

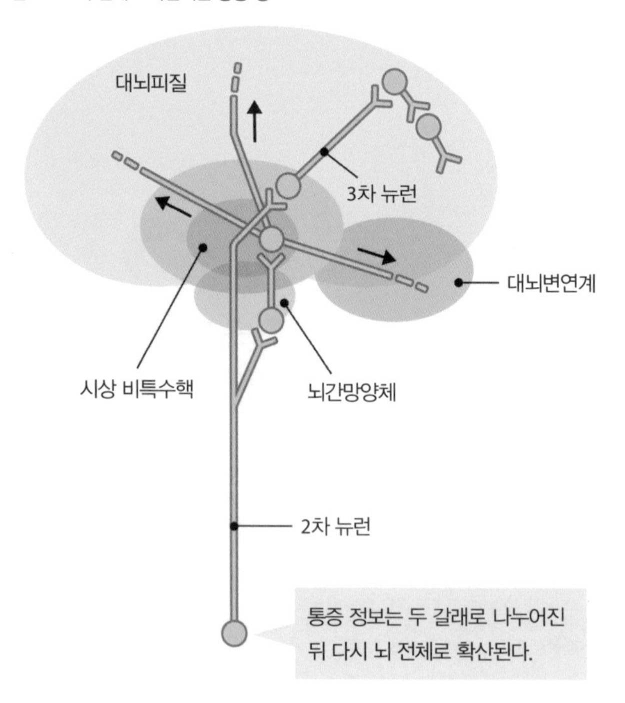

통증 정보는 시상의 비특수핵(수판내핵)에서 대뇌피질 깊은 부위에 자리한 대뇌변연계로 들어가서 고통을 초래한다. 즉 통증 감각이 다른 감각과 다른 이유는, 아프다는 느낌과 동시에 불쾌함이나 고통을 같이 느끼기 때문이다.

게다가 통증 자극은 뇌의 바닥 쪽에 있는 시상하부의 자율신경 중추에도 작용하여 교감신경을 흥분시킨다. 이로 인해 호흡이 얕고 빨라지며 말초혈관이 수축해 혈압이 상승하고, 조직이 허혈 상태가 되어 젖산이 쌓이고 근육 결림(근경직)이 발생한다(p.16 **그림 1-5**). 이처럼 통증 감각은 '아프다'고 느끼는 순간부터 근육의 긴장이나 불쾌함 · 고통 등의 감정을 동반하고, 호흡계와 순환계에도 영향을 미친다.

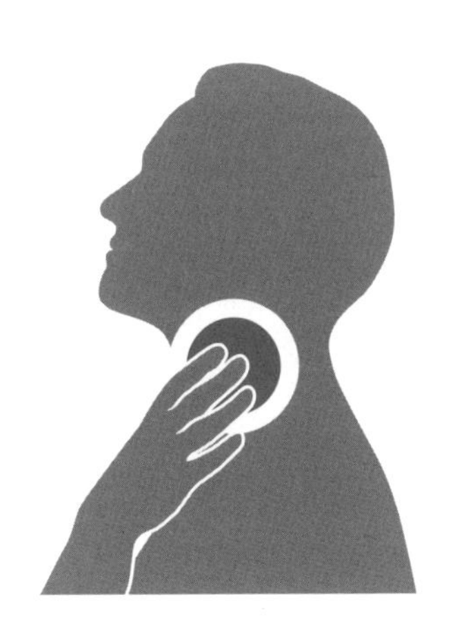

통증은 왜 고통스러울까?

통증은 왜 고통스러울까? 이는 뇌 속 깊은 곳에 있는, 유쾌함과 불쾌함의 중추인 대뇌변연계가 자극되기 때문이다(p.18 **그림 1–7**, p.20 **그림 1–9**). 말로 정리하면 비교적 간단하지만 이 구조는 아직 제대로 밝혀지지 않았다. 하지만 약을 이용하면, 통증을 느껴도 인공적으로 고통스럽지 않게 할 수 있다.

저명한 여성 신경생리학자인 브레이저가 실시한 실험[5, 6]에 다음과 같은 내용이 있다. 피실험자에게 수면제 '바르비탈'을 소량 투여하자 피실험자는 잠들지 않았으며, 이름을 부르면 반응하는 정도의 지점에서 통증 자극을 가하자 '통증이 느껴지긴 하지만 참을 수 있는 정도'라고 말했다. 이 실험으로 브레이저는 사람의 경우 정온한 상태에서는 통증을 느껴도 고통스럽지 않다는 사실을 발견했다.

바르비탈은 수면 유도제이지만, 소량일 경우 신경안정제로도 작용한다. 즉 사람은 의식이 있고, 통증을 감각으로 느낄 수 있는 뇌 구조를 갖추고 있으며, 통증을 느낀 뉴런(신경세포)이 그 통증 정보를 감정과 관련된 신경세포 또는 그 네트워크로 전달하는 구조가 마련되어 있기 때문에 통증이 고통스럽다고 느낄 수 있는 것이다.

나아가 의식이 선명하지 않으면 통증을 통증으로 느낄 수 없으며, 모든 뉴런이 정상적으로 작동해야 비로소 고통스럽다고 느낀다. 중간에 어딘가의 뉴런 작용이 억제되거나 장애가 생기면 고통을 느낄 수 없게 된다. 즉 통증을 고통스럽다고 느끼는 것은 뇌의 기능이 정상적으로 유지되고 있다는 증거이기도 하다.

---

5 Brazier MA: Role of the limbic system in maintence of consciousness. Anesth Analg. 1963;42:748-51.
6 Smith ML, Asada N, Malenka RC: Anterior cingulate inputs to nucleus accumbens control the social transfer of pain and analgesia. Science 2021; 371(6525):153-159.p

브레이저 실험에서는 바르비탈이라는 약이 대뇌변연계의 기능을 억제한 결과 통증 자극에 의한 고통이 생기지 않았다. 즉 의식이 있어도 대뇌변연계가 억제되면 통증을 고통으로 느끼지 못한다(**그림 1-10**).

그림 1-10 : 주로 뇌간망양체나 대뇌피질, 대뇌변연계에 작용하는 바르비탈

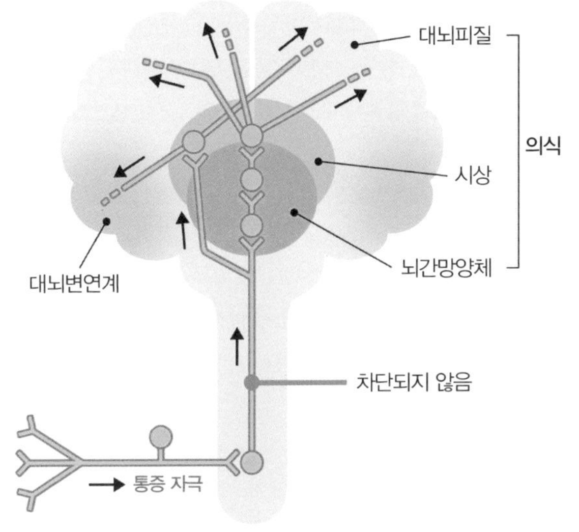

바르비탈은 통증 전도를 막는다. 따라서 통증 물질은 척수 레벨이나 시상, 대뇌변연계에 기억으로 입력될 가능성이 있다.

마음도 통증을 느낄까?

'통증'을 느끼는 부위는 앞에서 설명했듯이 대뇌피질의 감각령(중추)이다. 그러나 대뇌피질 감각중추에서만 통증을 느끼는 것은 아니다. 대뇌변연계도 관여하고 있으며, 이 두 기관의 상호작용도 필수조건이다. 이 상호작용에서 통증을 과거의 경험과 대조하기 때문에 느끼는 고통의 정도와 성질이 달라진다.

그런데 여기에는 의식이 있어야 한다는 전제조건이 붙는다. 의식이 없으면 통증도 고통도 느끼지 못하기 때문이다. 의식을 담당하는 주요 부위는 뇌 중심부에 있는 뇌간망양체이다. 그리고 통증 감각을 대뇌피질로 전달하는 중계 핵은 뇌 깊은 곳에 있는 시상이다. 시상에도 통증 감각만을 대뇌피질로 전달하는 특수핵과, 대뇌변연계나 뇌 전체로 전달하는 비특수핵이 있다(p.18 **그림 1-7**, p.20 **그림 1-9**).

이렇듯 통증을 느끼고, 이 통증을 고통스럽다고 느낄 수 있으려면 대뇌피질의 감각령뿐만 아니라 대뇌변연계와 시상, 뇌간망양체 그리고 이 모두의 자극 전도(전기적)나 전달(화학적)이 정상적으로 기능해야 한다. 또 고통을 느낄 때의 행동은 대뇌피질 감각령 앞쪽에 있는 대뇌피질 전두엽 전영역의 통제 중추나 대뇌피질 운동령이 관여한다.

● '물린 새끼손가락의 통증'에 대해 생각해 보자

일본의 유명한 곡으로 '小指の想い出새끼 손가락의 추억(가수: 伊東ゆかり 이토 유카리)'이라는 것이 있다. 연인이 새끼 손가락을 물었던 추억을 떠올린다는 내용으로, 단순히 통증뿐만 아니라 물렸을 때 행복했던 기억과 헤어져서 괴로운 기억, 즉 마음의 통증도 동반된다는 뜻을 갖고 있다.

'당신'에게 물렸을 때 새끼손가락 통증의 감각 수용체(받아들이는 곳)가

정상적으로 기능하고, 이와 동시에 통증 신경이 정상적으로 기능하여 척수 후각의 중계 핵에서 변환이나 제어가 이루어졌을 것이다. 즉 물렸던 통증을 대뇌피질 감각령에서 느끼고, 이와 동시에 대뇌변연계에서 기쁨을 느꼈을 텐데 바꿔 말하면, 물렸을 때는 대뇌피질 감각령뿐만 아니라 대뇌변연계와 뇌 중심부에 있는 중뇌수도 회백질에서 연수에 이르는 하행성 통증 억제계가 관여하고(**그림 1-11**) 이때 뇌의 오피오이드와 다른 억제성 화학전달물질이 많이 분비되었을 것이다.

시상하부에서는 자율신경을 통해 부교감신경이 흥분하고 교감신경의 활동은 억제되며, 시상에서는 혈중 호르몬이 활발히 분비되었을 것이다. 척수의 통증 감각을 조절하는 관문(p.16 '게이트 컨트롤' 참조)도 이 하행성 통증 억제계의 영향을 받았을 것이다(**그림 1-11**). 이처럼 통증은 대뇌피질 감각령의 기능뿐만 아니라 대뇌 전체의 기능이 정상적으로 유지되고 전체의 유기적인 기능이 결합함으로써 발현되고, 또 상황에 따라 변화한다.

그림 1-11 : 뇌와 척수에 있는 내인성 통증 억제계

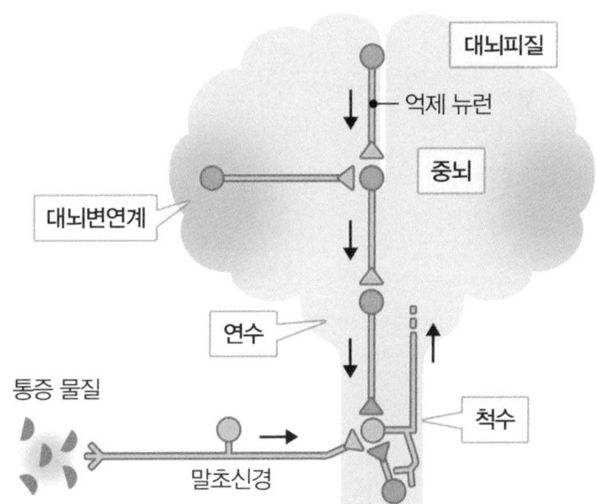

화살표는 신경 정보의 방향을 나타낸다. 대뇌피질과 뇌의 중심에 있는 중추와 연수에도 척수의 통증을 전달하는 신경세포를 억제하는 메커니즘이 존재한다. 또 척수 내부에도 통증을 억제하는 메커니즘이 있다.

그림 1-12 : 뇌에서 통증이 느껴질 때

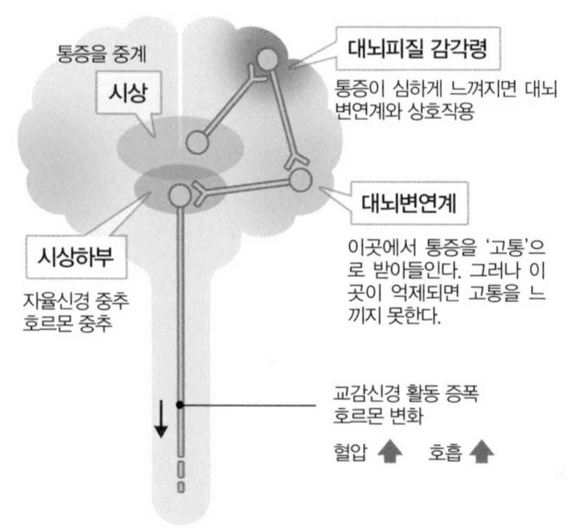

통증이 약하면 대뇌피질 감각령에서 아프다고 느끼고, 통증이 강하면 대뇌변연계로 자극을 보내 고통스럽다고 느낀다. 그리고 시상하부를 통해 교감신경 활동이 증폭되는데, 잠들면 의식하지 못한다.

그때 통증 기억은 대뇌변연계에 유지되고, 기억을 되살린 현시점의 감정 즉 대뇌 전체 기능의 출력에 의해 고통이나 상실감, 달콤했던 추억으로 마음을 자극해서 유쾌한 감정과 불쾌한 감정을 동시에 일으킨다. 따라서 마음도 통증을 느낀다고 할 수 있다(p.25 **그림 1-11**, **그림 1-13**).

역설적으로 들리겠지만, 마음은 뇌뿐만 아니라 신체 전체의 신경 기능을 유기적으로 연결하고 통제한다. 그러나 구체적인 메커니즘은 아직 밝혀지지 않았다. 통증이라는 감각이나 정서를 낳는 '의식' 메커니즘에 대해서도 많은 가설이 있지만 아직 규명되지는 않았다.

그림 1-13 : 마음도 통증을 느낄까?

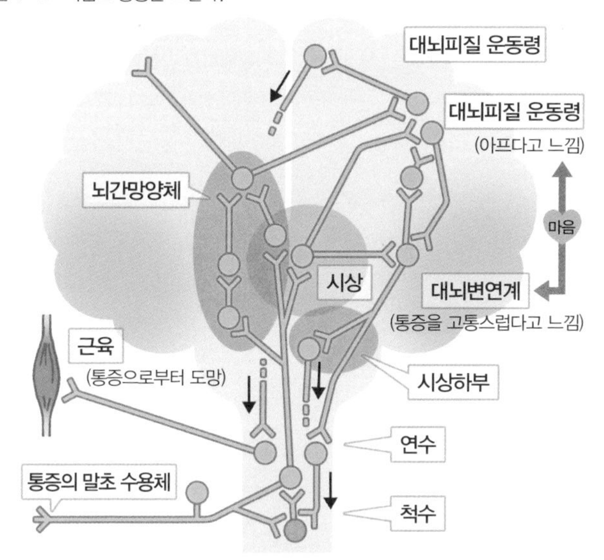

무의식에서의 통증

의식이 있는 경우, 통증 자극은 말초신경 중 Aδ섬유나 C 섬유를 통해 척수로 들어가, 이 척수를 상행하여 뇌로 들어간 다음 시상이라는 중계 핵을 거쳐 대뇌의 감각령(지각 중추)에서 아픔을 느끼게 한다. 얼굴의 통증 자극은 얼굴을 지배하는 삼차신경에서 일단 뇌로 들어가 척수로 내려간 다음 다시 뇌로 들어간다(**그림 1-14**).

앞에서 설명한 것처럼 통증은 의식이 있어야만 느낄 수 있다. 약물을 이용해 인공적으로 재운 상태라고 해도 잠들어 있는 한 통증은 느낄 수 없다. 그러나 이 경우에도 자연스럽게 잠들었을 때와 마찬가지로 통증 자극은 뇌에 전달된다.

뇌에 작용하는 마취제의 억제 기구는 약물의 종류에 따라 다르지만, 통증 자극이 뇌에 도달할 때까지 오히려 큰 반응을 일으키기도 한다. 예를 들면 '케타민'이라는 마취제로 잠든 경우, 통증으로 자극하거나 다른 감각을 자극하여 뇌에서 전기 신호를 받아들이면 오히려 큰 반응이 검출된다. 이 때문에 이 마취제를 해리성 마취제라고 부르기도 한다.

그러나 약으로 인해 의식이 없는 상태라면 그 사람은 통증을 느낄 수 없다. 통증 자극이 커지면 반사적으로 신체를 움직이는 경우가 있긴 하지만 통증을 의식해서 생기는 반응은 아니다.

이처럼 뇌가 통증을 느끼더라도 의식에 이르지 못하는 상태가 있다. 이것을 저자는 '무의식에서의 통증'이라고 부른다. 통증 자극이 뇌로 충분히 전도되지만 의식까지는 전달되지 않는 것이다(p.26 **그림 1-12**).

만성 통증이 지속되는 경우, 의식이 없는 자연 수면 중에 혈압이 높아지고 땀을 많이 흘리며 신체가 움직이기도 한다. 하지만 의식이 없다면 이러한 증상이 있어도 통증을 느끼지는 못한다(p.26 **그림 1-12**).

그렇지만 이 '무의식에서의 통증'은 기억되어, 그 사람의 통증 악순환을 더 악화시킬 수 있다. 이 부분에 관한 연구는 아직 이루어지지 않았지만 통증 전문 연구실 관계자의 연구가 간접적으로 증명해주고 있으며,[7, 8, 9] 이를 통해 통증은 조기에 대처하는 것이 좋다는 사실도 알 수 있다(p.26 **그림 1-12**).

그림 1-14 : 목 아래쪽 통증 신경과 얼굴 통증 신경

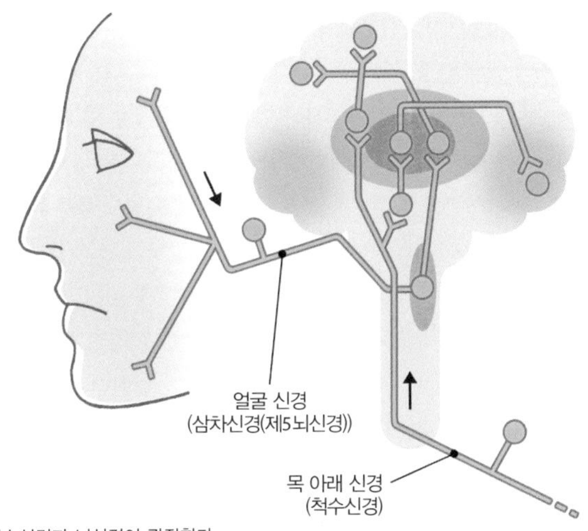

각각 척수신경과 뇌신경이 관장한다.

---

7 下地恒毅: 意識の発達と意識障害. 武下浩, 竹内一夫, 加藤浩子編: 脳死判定基準ー特に小児の脳死についてー, 真興交易出版, 東京, 2009, pp20-29.

8 Shimizu M, Yamakura T, Tobita T, Okamoto M, Ataka T, Fujihara H, Taga K, Shimoji K, Baba H : Propofol enhances GABA(A)receptor-mediated presynaptic inhibition in human spinal cord. Neuroreport. 2002 ;13:357-60.

9 Tanaka E, Tobita T, Murai Y, Okabe Y, Yamada A, Kano T, Higashi H, Shimoji K. : Thiamylal antagonizes the inhibitory effects of dorsal column stimulation on dorsal horn activities in humans. Neurosci Res. 2009 ;64:391-6

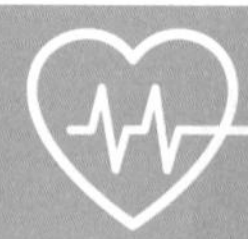

통증을 억제하는 메커니즘 - 상행성 및 하행성 통증 억제계

앞에서 언급한 게이트 컨트롤설은 뇌를 향해 올라가는 통증 정보가 척수 단계에서 변환되어 억제된다는 가설이다. 따라서 이는 상행성 통증 억제계의 일부라고 할 수 있다. 이러한 통증 억제는 뇌의 시상이나 대뇌피질에서도 일어난다.

한편 뇌에서 척수로 향하는 하행성 통증을 억제하는 메커니즘이 동물이나 사람에게도 있다고 알려져 있었다.[10, 11, 12] 그리고 마침 1975년 스코틀랜드의 코스털리츠 그룹이 뇌 내 엔케팔린이라는 오피오이드(마약 유사 물질)의 추출과 동정(동식물 분류학상 소속을 결정 – 옮긴이)에 성공하였다.[13] 또 원래 생리적으로 체내에 갖추어진 내인성 진통 기구와 하행성 진통 기구의 연구[14]에 더욱 박차를 가하게 되었다(p.25 **그림 1-11**).

뒤에서 설명하겠지만, 이 통증 억제계를 활발하게 함으로써 만성 통증을 치료하는 방법이 있다. 그 생리적인 메커니즘도 한층 명확해졌다.

예로부터 '어떤 고난을 겪더라도 이를 초월하여 염두에 두지 않으면 괴로움을 느끼지 않는다'라는 속담이나, '화재 현장에서는 못을 밟아도 아프지 않다'는 말이 있다. 또 스코틀랜드의 탐험가 데이비드 리빙스턴(**사진 1-15**)은 아프리카 탐험 중 사자에게 왼손을 물렸을 때, 당시에는 전혀 통증을 느끼지 못했다고 한다. 다행히 친구가 총으로 사자를 사살해서 리빙스턴은 생명을 건질 수 있었다.

이럴 때 하행성 통증 억제계가 100% 작동하고 있을 것이다. 임상시험에

10 Reynolds DV:Surgery in the rat during electrical analgesia induced by focal brain stimulation. Science. 1969;164:444–5.
11 Shimoji K, Asai A, Toei M, Ueno F, Kushiyama S:[Clinical application of electroanesthesia. 1. Method]. Masui. 1969;18:1479–85.
12 Shimoji K, Higashi H, Terasaki H, Kano T, Morioka T:Physiologic changes associated with clinical electroanesthesia. Anesth Analg. 1971;50:490–7.
13 Hughes J, Smith TW, Kosterlitz HW, Fothergill LA, Morgan BA, Morris HR:Identifi cation of two related pentapeptides from the brain with potent opiate agonist activity. Nature. 1975;258:577–80.
14 Noguchi R, Hamada C, Shimoji K:PAG stimulation does not aff ect primary antibody responses in rats. Pain. 1987;29:387–92.

서 이용되는 경피적 신경 자극이나 척수에 가하는 경막외 전기자극, 뇌 전기자극, 침 진통 등에도 하행성 억제계가 완만하게 활발해진다.[15, 16]

주로 육식동물에게 잡아 먹히는 초식동물은, 육식동물에게 습격당할 때 뇌의 통증 억제계가 활발해져 뇌의 모르핀 유사 물질(오피오이드)이 대량으로 생산돼 통증을 완화하는 것으로 알려져 있다. 뇌의 오피오이드는 약한 초식동물에게 주어진 신의 선물일지도 모른다.

사진 1-15 : 리빙스턴 동상

15 Shimoji K, Ito Y, Ohama K, Sawa T, Ikezono E. : Presynaptic inhibition in man during anesthesia and sleep.Anesthesiology. 1975;43:388–91.

16 Shimoji K, Kurokawa S; Anatomical Physiology of Pain. In Chronic Pain Management in Genaral and Hospital Practice, edited by Shimoji K, Hamann W and Nader A, Springer–Nature,2018, in press.

제2장

통증은 인체 최대의 유해 스트레스

통증 스트레스는 심장과 혈관에 장애를 유발한다

지속적인 통증이 신체에 얼마나 유해한지, 심장 기능과 혈압을 중심으로 더 자세히 살펴보자.

급성 통증 자극은 먼저 말초신경 중 Aδ신경이라고 하는, 비교적 굵은 신경을 자극한다. 이 자극은 신경을 통해 척수 후근(척수의 좌우에서 나오는 척수 신경이 그 경부에서 둘로 갈라진 것의 뒤쪽 것 - 옮긴이)에서 척수로 들어간 다음 척수 후각이라는 부위에서 다양한 변조를 일으킨다.

이 자극은 일부 척수의 측각이라는 부위에서 교감신경 뉴런으로 전달된다. 교감신경 뉴런은 흥분하고, 그 자극 임펄스(자극에 의하여 신경 섬유를 타고 전하여지는 활동 전위 - 옮긴이)는 척수의 전근에서 나와 혈관운동신경 임펄스가 되어 혈관을 수축시킨다(p.12 **그림 1–2**). 이는 일종의 반사라고 할 수 있다.[17] 혈관이 수축(즉 말초혈관 저항이 증가)하면 혈압은 상승한다. 혈압이 상승하면 심장의 업무량이 증가하여 심장에 부담이 된다.

또 혈관이 수축하면 혈류량이 줄어들어 혈관 속의 혈액량이 적어진다. 몸 전체의 혈액량은 일정하기 때문에 심장이나 그 근처의 큰 혈관으로 몰리게 되고, 혈액이 몰린 곳은 큰 부담을 받게 된다. 즉 혈압이 상승하면 심장이 열심히 혈액을 내보내려고 하여 혈압이 또 올라가는 것이다(**그림 2–1**).

혈관이 부드럽고 탄력이 있으면 다행이지만, 동맥경화가 있거나 연령상 혈관이 조금 굳었거나 혈관 벽에 문제가 있으면(동맥류 등) 그 부분이 찢어지기도 한다.

통증에 의해 교감신경계가 흥분하는 또 다른 메커니즘이 있다. 통증 자극은 척수를 거슬러 올라가 대뇌에 도달해 그곳에서 '아프다'고 느낀다. 통

---

17 Nordin M and Fagius J:Eff ect of noxious stimulation on sympathetic vasoconstrictor outfl ow to human muscles. J Physiology 1995;489:885–894

증 자극은 '아프다'고 느끼면 그곳에서 뇌의 깊은 부분(대뇌변연계)을 자극한다. 이 부분이 자극되면 불쾌한 감정을 일으킨다. 이 자극은 뇌의 바닥 쪽에 있는 시상하부의 자율신경 중추에 도달해 교감신경의 활동을 증가시킨다. 그러면 전신의 교감신경이 흥분한다. 교감신경의 말초신경에서는 카테콜아민이라는 호르몬이 분비되는데, 이 카테콜아민은 전신의 혈관에 작용하여 혈압을 상승시킨다.

그림 2-1 : 상호작용하여 심신에 악영향을 미치는 만성통, 스트레스, 교감신경 과민증, 우울, 불면증

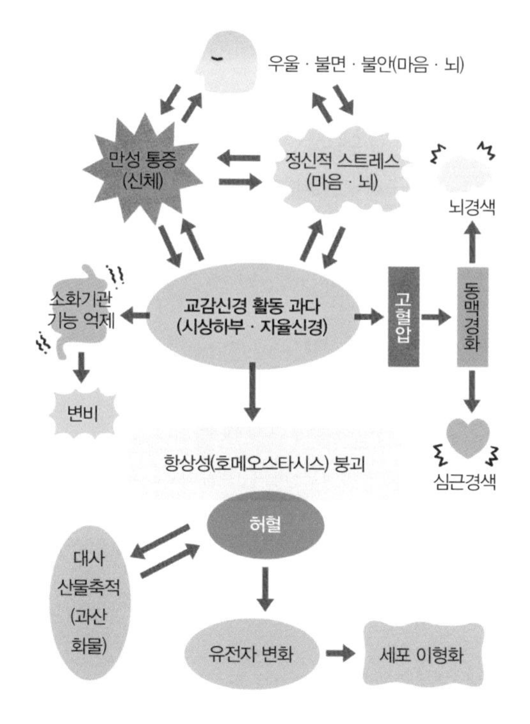

시상하부는 호르몬의 중추이기도 해서 이곳이 흥분하면 부신수질에서 카테콜아민 호르몬이 분비되고, 부신피질에서는 스트레스호르몬인 코르티손이 분비된다. 이러한 호르몬이 분비되면 혈관이 더욱 수축되어 혈압이 상승한다. 여기에도 통증 자극이 대뇌를 통해 교감신경의 활동을 증대시키는 메커니즘(**그림 2–2**)이 있다.[18]

그림 2–2 : 통증이 교감신경 과항진을 초래하는 구조

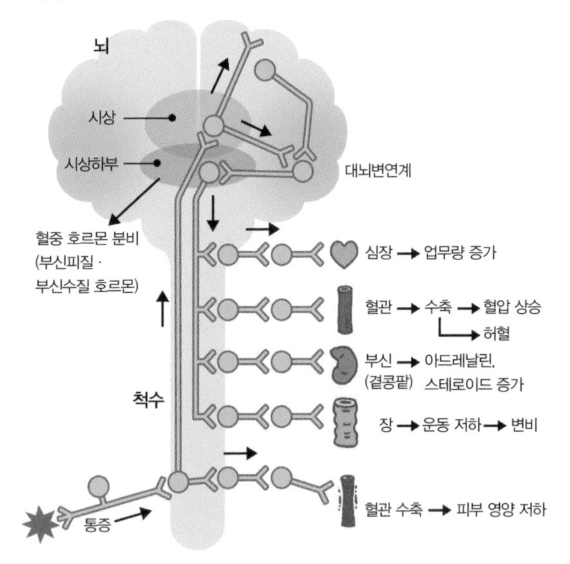

18 Luu P and Posner MI : Anterior cingulate cortex regulation of sympathetic activity Brain 2003; 126:2119–2120

통증 스트레스는 피부의 혈류를 저하시킨다

만성 통증이 지속되면 교감신경의 활동이 과다해져 혈액의 흐름이 나빠진다는 것은 앞에서 설명하였는데, 특히 그 영향을 받기 쉬운 부위가 피부 혈관이다. 이 때문에 만성 통증을 가진 사람의 통증 부위는 피부색이 좋지 않다.

만성 통증 자극으로 말초 혈류가 저하되면 피부가 차갑고 습해진다. 이는 교감신경의 흥분으로 혈관이 수축해 혈류가 줄어들며, 땀 분비가 촉진되기 때문이다. 이런 상태가 지속되면 피부의 영양이 나빠져 점점 얇아지고, 겉으로 보기에도 얇고 빛나 보이게 된다. 외상 등에 의한 스트레스로 신체

그림 2-3 : 지속적인 통증 자극에 의해 과민해지는 과정 (교감신경 반사가 과해져서 허혈을 초래)

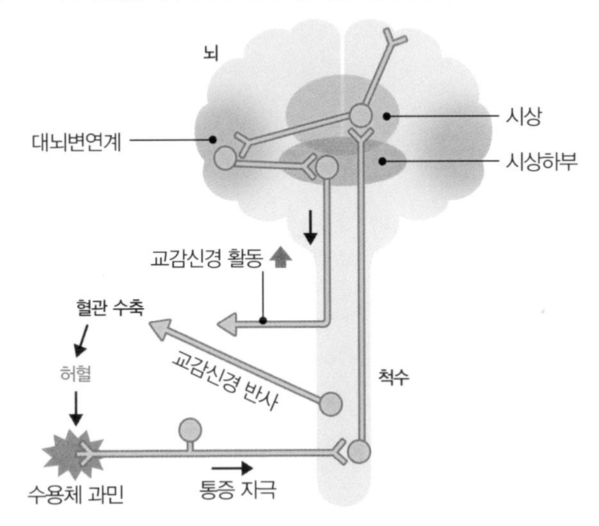

일부에 이러한 병적인 상태가 발견되는 경우가 종종 있는데, 이 증상을 카우잘기(독어 : 격통이 동반되는 신경통 - 옮긴이) 또는 복합성 복합부위 통증 증후군(CRPS)이라고 부른다. 외상뿐만 아니라 다른 질환에서도 이러한 증상을 보이는 경우가 있다(p.37 **그림 2-3**).

복합 부위에서 일어난 교감신경의 긴장은 해당 부위는 물론 주변으로 확산되는 특징도 가지고 있다. 복합 부위의 통증 자극으로 같은 척수 높이(척수분절)에서 나오는 교감신경이 반사적으로 흥분한다(p.36 **그림 2-2**, p.37 **그림 2-3**). 이 반사는 점점 주변의 교감신경으로 퍼진다.

한편 통증 자극은 척수를 상행하여 뇌의 바닥 부분에 있는 시상하부의 자율신경 중추를 자극하여 전신의 교감신경 활동의 긴장 상태를 초래한다. 마음의 통증이나 불안, 긴장, 일상생활 속 스트레스도 전신이나 복합 부위

그림 2-4 : 특히 피부 혈관을 수축시키는 교감신경 활동 과다

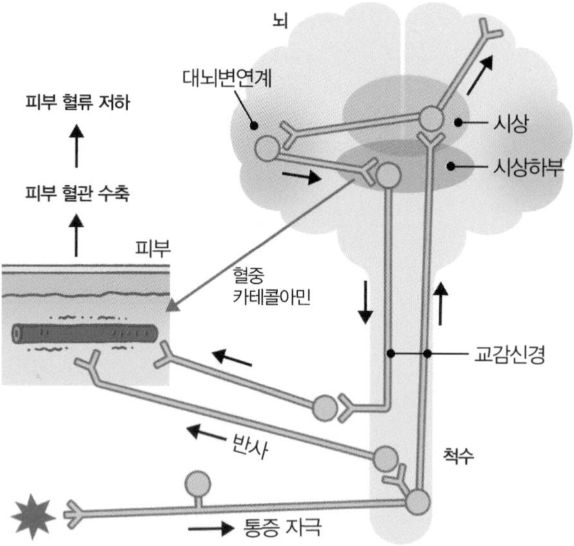

의 교감신경 활동 과다를 초래한다. 특히 이 영향을 받기 쉬운 부위가 심장과 피부의 영양 혈관(**그림 2-4**)이다. 따라서 통증이 지속되면 순환계(심장이나 혈관)뿐만 아니라 피부 미용에도 좋지 않다.

그림 2-5 : 통증 자극에서 오는 교감신경 활동 과다에 의한 통증의 악순환

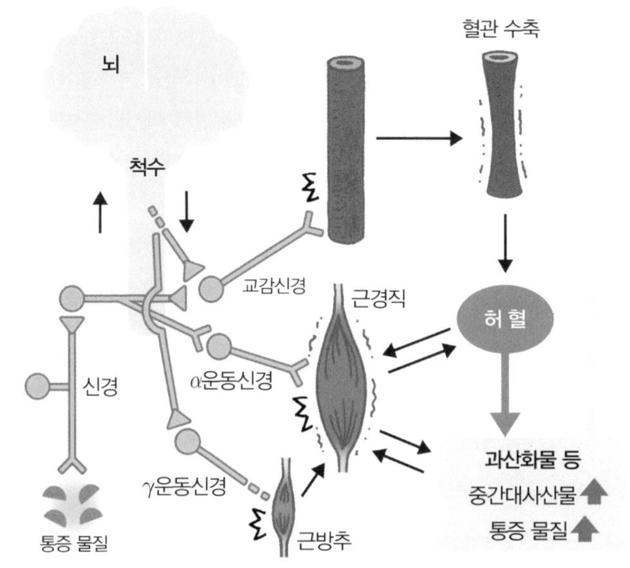

통증 스트레스는 근육 경직을 유발한다

교감신경의 긴장으로 말초 혈류가 저하되면 산소가 충분히 공급되지 않고, 이로 인해 포도당이 물과 탄산가스로 분해되지 않아 젖산과 같은 중간 대사 산물이 축적된다. 젖산 등이 축적되면 근육이 과하게 자극되어 비정상적으로 수축한다. 목과 어깨 결림이나 요통, 손과 발의 뻐근함도 이렇게 발생하는 경우가 많다. 혈관을 확장하여 혈류를 개선하면 이 증상이 대부분 사라진다. 혈류를 개선해도 증상이 사라지지 않는 경우에는 다른 원인을 고려해야 한다. 통증 자극으로 근육이 과잉 수축하여 경직되면 그 자극이 교

그림 2-6 : 통증 스트레스의 악순환

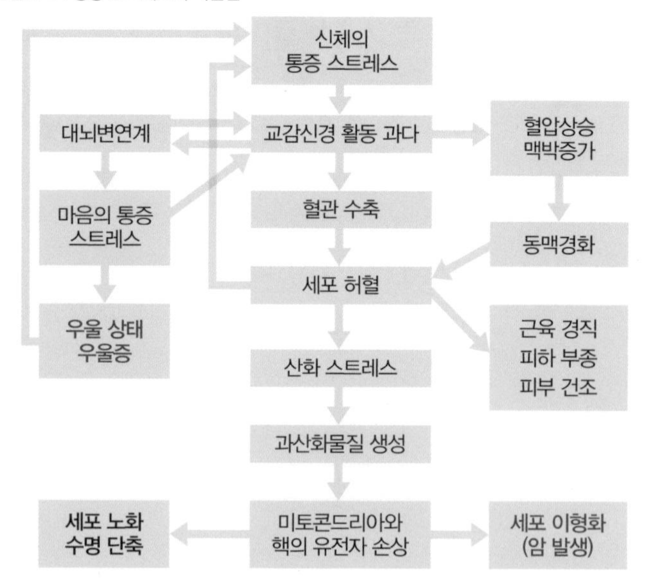

감신경을 자극하여 또 다른 악순환이 발생한다(p.12 **그림 1-2**, p.39 **그림 2-5**).

스트레스에서 오는 교감신경 긴장이 원인이 되어 어깨 결림, 목 통증 · 결림, 허리 통증, 두통(특히 근긴장성 두통) 증상이 나타나기도 한다. 만성 통증이 이 스트레스의 원인인 경우를 종종 볼 수 있다. 반대로 스트레스가 교감신경 활동 과다를 유발하고 그것이 근육을 경직시키면 이로 인해 발생한 만성 통증이 스트레스가 되어 교감신경 긴장을 초래하는 악순환이 형성된다. 이들은 서로에게 영향을 주는 셈이다. 따라서 이 악순환을 어딘가에서 조기에 차단해야 한다(p.39 **그림 2-5**, **그림 2-6**).

통증 스트레스는 우울증의 원인이다

앞에서 통증 자극은 불쾌한 감정을 동반한다고 설명했는데, 불쾌한 상태가 지속되면 대뇌변연계에서 대뇌 전체로 이 자극이 전달되어 우울 증상의 원인이 된다. 우울의 원인으로는 다양한 스트레스가 있는데, 그중 만성 통증에 의한 스트레스가 큰 원인을 차지하는 경우가 종종 있다. 또 불안이나 스트레스로 근긴장이 높아지면 만성 통증이 생겨(두통이나 어깨 결림, 요통 등) 교감신경의 과도한 긴장을 유발한다(p.12 **그림 1–2**, p.18 **그림 1–7**, p.36 **그림 2–2**, p.37 **그림 2–3**).

신체 통증이나 우울과 같은 마음 통증은 대뇌변연계에서 합쳐져 뇌 전체로 퍼지는데, 이는 우울 상태를 더욱 악화시켜 불안신경증의 원인이 되기도 한다. 대뇌변연계는 자율신경 중추와 밀접하게 신경 연락을 주고받으면서 교감신경의 비정상적인 흥분을 초래하고, 이와 동시에 교감신경 긴장 상태를 형성한다.[19] 마음 통증이나 이 통증에서 오는 스트레스가 원인이 되는 경우도 있다. 소중한 사람과의 사별이나 이별에 의한 마음 통증, 인간관계에 의한 스트레스, 업무 실패에 의한 마음 통증, 큰 환경 변화로 인한 스트레스 등이 원인이 되어 우울 증상이 나타나는데, 여기에 신체 통증이 더해지면 스트레스는 배가 된다.

하버드대학 병원(MGH)의 조사에 따르면, 만성 통증이 있는 사람은 어떠한 이유로든 우울 증상이 있으며, 이 우울 증상은 만성 통증을 더욱 악화시킨다고 한다. 즉 통증은 불쾌한 감정 상태이며, 불쾌한 감정 상태는 통증을 더욱 증폭시키기 때문에 이 둘은 떼려야 뗄 수 없는 관계이다. 또 만성 통증이 있는 사람은 정신 질환에 걸릴 확률이 3배로 증가한다.

메이요클리닉의 연구에 따르면, 우울증 환자의 대부분이 특정 만성 통

19 Carney RM, Freedland KE, Veith RC:Depression, the Autonomic Nervous System, and Coronary Heart Disease. Psychosom Med. 2005;67:S29–33.

증, 특히 두통이나 요통이 있다고 한다.[20] 저자의 경험에 비추어 보았을 때도 만성 통증을 가진 환자의 약 30%가 우울증을 앓고 있었다. 따라서 통증이 원인이 되어 우울 증상이 있는 경우에는 치료할 때 통증을 없애는 데 초점을 맞추고, 우울 증상이 원인이 되어 통증이 있는 경우에는 정신과나 심신의학과, 신경내과와 협업하여 통증을 치료하며, 통증과 우울 증상이 같이 나타날 때는 두 증상을 동시에 치료해야 한다(p.12 **그림 1-2**, p.26 **그림 1-12**).

20 Baker VB, Sowers CB, Hack NK : Lost productivity associated with headache and depression: a quality improvement project identifying a patient population at risk. J Headache Pain 2020;21:50.

통증은 기억된다

최근 신경과학 영역에서 신경 가소성(plasticity)이라는 말을 자주 사용한다. 학습이나 기억 구조에 이 신경 가소성이 중요한 작용을 하는 것으로 알려져 있다. 통증이 지속되면 통증을 전달하는 말초신경(1차 뉴런)의 수용체, 그리고 척수나 뇌에서 신경과 신경을 잇는 시냅스의 화학적 전달에 변화가 생기며 이로 인해 신경망(그물과 같은 신경 네트워크)이 재구축되어 병적인 신경 활동이 이어진다.

그림 2-7 : 지속적인 통증 자극에 의한 중추 신경의 악순환

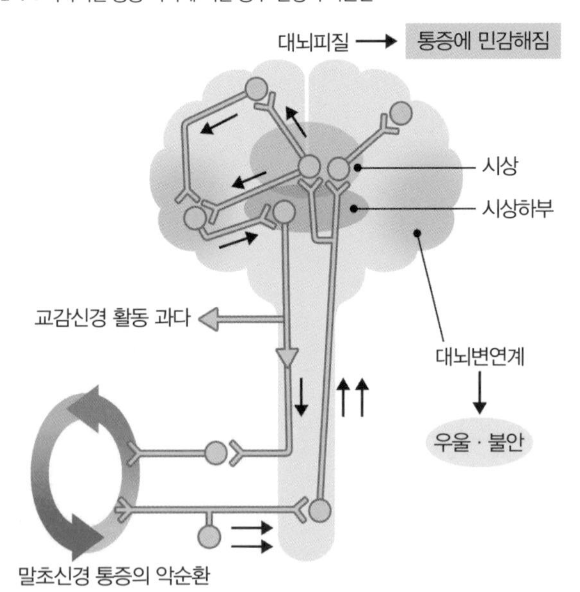

이처럼 신경 네트워크가 재편성되어 신경의 정보 전달이 기존과 달라지는 경우가 있다. 정상적인 경우에도 이 신경 가소성 변화가 기억이나 학습의 신경생리학적 기초를 이루는 것으로 알려져 있다. 통증에 의해 신경에 가소성 변화가 발생한다는 것은, 통증은 중추신경(뇌나 척수)에서 기억된다는 것이다(**그림 2-7**).

이는 사람의 '통증 기억'도 꽤 이른 시기부터 생긴다는 것을 의미한다.[21,22]

이 연구에서 최대한 이른 시기에 통증을 치료하는 '선공 진통(先攻鎮痛)' 개념이 생겨나 임상시험에서도 응용되고 있다.[23,24] 예를 들면 수술 전부터 진통을 강력히 처치함으로써, 수술 시 통증 자극을 억제해 수술 후에 통증이 생기지 않는 것이다.

척수, 시상, 대뇌변연계의 전대상회에서 통증 기억이 관찰된다. 신경성 동통(neuropathic pain)에서는 특히 통증 기억이 그 질환의 배경에 깊게 관여하고 있다. 또 신경화학 전달물질 중에서도 글루탐산 수용체를 민감하게 하는 것이 뇌 유래 신경영양인자(BDNF)로 보인다.[25] 이 BDNF는 뇌 신경의 영양에 없어서는 안 되는 물질이지만, 이와 동시에 우울증이나 양극성 장애, 조현병 등과도 관련되어 있다는 것이 밝혀졌다.[26]

따라서 통증은 최대한 빨리 차단하여 앞에서 설명한 악순환에 빠지지 않도록 해야 한다. 즉 통증 치료는 예방적 치료이기도 하다(p.46 **그림 2-8**).

---

21 Descalzi G, Kim S, Zhuo M.:Presynaptic and postsynaptic cortical mechanisms of chronic pain. Mol Neurobiol. 2009 ;40:253-9.
22 Touche RL,Paris-Alemany A, Suso-Martí L:Pain memory in patients with chronic pain versus asymptomatic individuals: A prospective cohort study. Eur J Pain 2020;24:1741-1751.
23 Aida S, Yamakura T, Baba H, Taga K, Fukuda S, Shimoji K. : Preemptive analgesia by intravenous low-dose ketamine and epidural morphine in gastrectomy: a randomized double-blind study. Anesthesiology. 2000 ; 92:1624-30.
24 Aida S, Fujihara H, Taga K, Fukuda S, Shimoji K.:Involvement of presurgical pain in preemptive analgesia for orthopedic surgery: a randomized double blind study.Pain. 2000;84:169-73.
25 Tsuda M, Masuda T, Kitano J, Shimoyama H, Tozaki-Saitoh H, Inoue K.:IFN-gamma receptor signaling mediates spinal microglia activation driving neuropathic pain.Proc Natl Acad Sci U S A. 2009;106:8032-7
26 Miyagawa K, Tsuji M, Fujimori K, Takeda H.:[An update on epigenetic regulation in pathophysiologies of stress-induced psychiatric disorders]. Nihon Shinkei Seishin Yakurigaku Zasshi. 2010;30:153-60(abstract)

그림 2-8 : 차단된 통증의 악순환

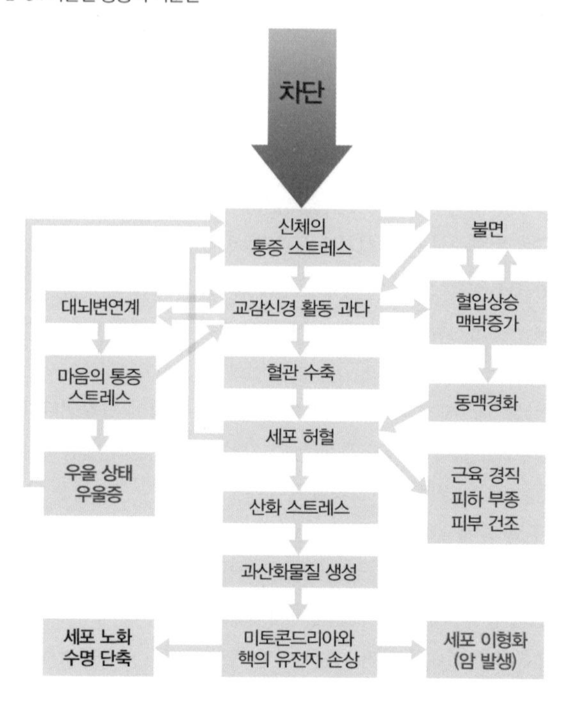

대표적인 통증의 메커니즘과 대처법

머리는 왜 아플까? - 다양한 두부(머리) 통증

두통의 원인은 뇌세포가 아니다. 대뇌피질 감각령의 뇌세포(뉴런)가 통증을 느끼는 것이다. 뉴런 자체에 병변이 일어나면 통증을 느낄 수 없으며, 특수한 상황을 제외한 거의 모든 경우 말초신경 정보로만 통증을 느낄 수 있다. 특수한 상황이란, **표 3-1**의 병변과 같다.

표 3-1 : 통증의 특수한 상태

암 초기	주변 신경 자극, 혈관 막힘, 염증 등으로 통증 발생
대사 질환 (당뇨병 초기 등)	당뇨로 인한 신경염, 혈관 변화로 인해 통증이나 저림 증상 발생
순환계 질환 (고혈압 등)	고혈압이 동맥경화로 진행, 혈행이 나빠져 손발 등에 허혈성 통증 발생
교원병 (결합조직병)	항원항체의 이상으로 나타나는 자가면역질환 중에는 통증을 느끼지 못하는 경우도 있으나 류머티즘 관절염은 통증을 동반
운동계 신경성 난치병	근위축성 측색 경화증(ALS), 척수 소뇌변성증, 파킨슨병 등은 운동계 질환이라서 직접적으로 통증을 동반하지는 않음
신장 · 간 질환	장기 내에는 통증 신경이 없어서 통증을 느끼지 못함
선천성 무통각증 및 무한증	유전자 이상으로 통각신경과 땀샘을 지배하는 신경이 결여되어 통증을 느끼지 못함
쇼크 증상	정신적 · 신체적 쇼크 증상이 심한 경우 일시적으로 통증을 느끼지 못함
혼수상태	의식장애가 중증인 경우 통증에 반응하지 않음
깊은 수면	잠들어 있는 동안에는 통증을 느끼지 못하지만, 통증 자극으로 잠에서 깰 수 있음
전신마취나 국소마취	전신마취나 국소마취로 신경의 전도나 전달이 차단된 상태에서는 통증을 느끼지 못함
뇌 · 척수 · 말초 신경 질환	신경 질환을 앓을 때 통증 자극이 뇌로 전달되지 않을 경우, 예를 들면 뇌출혈 · 뇌경색, 척수 출혈 · 척수 경색, 염증 등으로 통증 자극이 전달되지 않으면 통증을 느끼지 못함
외과적으로 통증의 전도로(伝導路) 신경을 끊은 경우	통증이 심한 경우 외과적 또는 화학적으로 신경을 절단하면 통증을 느끼지 못함

예를 들어 뇌종양이 있는 경우에도, 뇌압이 상승하면 뇌막(지주막 · 경막)이 자극을 받아 통증을 느끼게 된다. 그리고 반드시 다른 증상을 동반한다. 두통만 생기지는 않는다는 것이다.

두통의 종류 중에는 신경과 근육의 긴장으로 나타나는 긴장형 두통과, 혈관이 원인이 되어 발생하는 군발두통(얼굴과 머리 통증과 함께 눈물, 콧물, 결막충혈 등의 증상이 동반되는 두통 – 옮긴이), 편두통이 가장 흔하다. 이들을 일차성 두통이라고 하며, 뇌 병변으로 일어나는 두통을 이차성 두통이라고 한다.

일차성 두통 - (1) 긴장형 두통 : 신경 · 근육의 긴장으로 발생하는 두통

일본인의 약 25~30%에게 두통이 있으며, 그중 가장 많은 것이 긴장형 두통이다. 남성보다 여성에게 많이 발생하며, 생리 중에 흔히 나타난다.

긴장형 두통의 원인은 정신적 · 신체적 스트레스와 근육 긴장 등이 복잡하게 얽혀 발생한다. 신체적 스트레스의 원인으로는 무리한 자세, 눈의 피로 등이 있다. 특히 눈과 어깨에 스트레스가 집중되면 주변 근육이 뭉쳐 혈행이 나빠지고(어깨 결림), 근육에 쌓인 피로물질인 젖산 등이 주변 신경을

그림 3-2 : 후두신경 차단

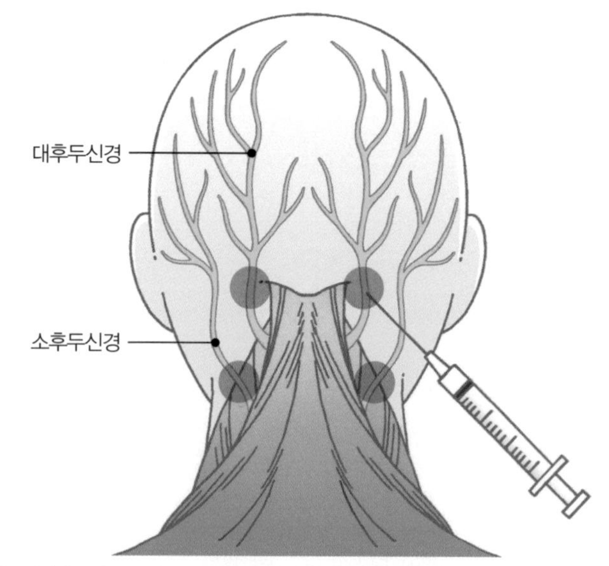

대후두신경과 소후두신경을 차단하면 통증과 근육의 긴장이 완화된다.

자극해 후두부의 두통을 유발한다. 이런 증상은 장시간 컴퓨터나 텔레비전, 모니터 기기 등을 보고 작업하는 사람에게 자주 나타난다.

또 정신적인 스트레스의 원인으로 들 수 있는 것은 걱정이나 불안, 고민이다. 이러한 원인으로 인해 교감신경이 긴장하면 경부나 후두부 혈관이 수축하고, 근육으로 가는 혈류가 저하되고 근육이 뭉쳐 두통을 호소하게 된다. 두통은 수일에서 수 주 동안 지속되기도 하는데, 고지식하고 꼼꼼한 성격인 사람일수록 이 증상이 나타나기 쉽다.

두통을 예방하고 치료하려면 생활 습관을 개선하는 것이 중요하다. 예를 들면 스트레스가 쌓였을 때는 스트레칭이나 워킹, 가벼운 운동, 마사지, 입

그림 3-3 : 경부 경막외 차단

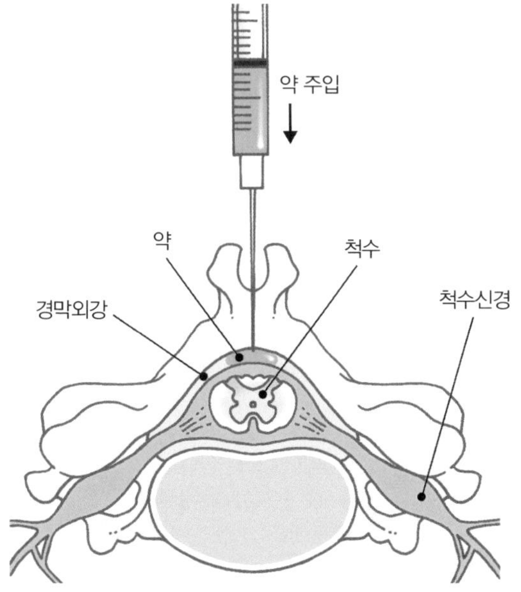

경부의 경막외강에서 바늘을 넣어 척수신경을 차단한다. 저농도 국소마취제를 이용하여 선택적으로 신경 차단을 실시한다. 통증 신경이나 교감신경, 감마 운동신경을 선택적으로 차단하여 통증 완화와 혈류 증가, 근이완을 돕는다. 염증이 심할 때는 스테로이드 등을 혼합 주사하고, 통증이 심한 경우 마약을 추가하는 경우도 있다.

욕 등으로 근육의 혈류를 개선하여 몸과 마음을 풀어야 한다. 즉 스트레스가 쌓이지 않도록 평소에 몸을 풀어주는 것이 중요하다.

뇌에 작용하여 근육을 부드럽게 풀어주는 중추성 근이완제나 정신안정제 등이 치료에 이용된다.

이 방법으로 치료되지 않을 때는 신경 차단 요법을 실시한다. 후두부 통증에는 후두신경을 차단(p.50 **그림 3-2**)함으로써, 통증 신경과 운동신경, 교감신경의 임펄스를 차단해 통증 지각과 근긴장을 억제하고 혈관을 확장해서 혈행을 개선한다. 후두부에서부터 목 뒤 통증이 심한 경우에는 경부경막외 차단(p.51 **그림 3-3**)을 실시하여 경부(목 부위)에서 후두부에 걸친 넓은 범위의 통증을 차단해 혈류를 개선시켜 근육을 이완시킨다.

사례

스트레스에 의한 두통과 목 · 어깨 통증

29세 · 여성, 스튜디오 제작

몇 개월 전부터 두통과 월경불순, 꽃가루 알레르기, 빈뇨를 호소하였고, 특히 두통이 심해 대학병원에서 두부 CT 검사를 실시했으나 이상이 없다는 소견을 받았다. 내복약으로 진통제를 처방받고 통증이 조금 진정된 것 같았다.

그러나 아무래도 걱정이 되어 통증진료과에서 진료받게 되었다. 경부에서 후두부의 근긴장이 심했다. 꽃가루나 월경불순 등으로 미루어 볼 때 증상이 모두 교감신경의 긴장 과다와 관련 있는 것으로 판단되어, 매주 성상신경절 차단을 진행하였고 항불안제와 수면제를 처방했다. 또 생활 리듬을 일정하게 유지할 수 있도록 지도하니 약 3주간의 치료로 증상이 가라앉았다.

이 사례는 업무에 의한 긴장 지속과 불안감에 의한 수면 장애, 불규칙한 생활 리듬, 스트레스에서 오는 근긴장으로 인해 근긴장성 두통이 생긴 것으로 보인다. 뇌에 병변이 있을 때는 반드시 다른 신경 증상(현기증이나 메스꺼움, 손발 마비, 지각이상 등)도 동반하기 때문에, 이 사례에서는 CT 검사를 하지 않아도 된다.

일차성 두통 - (2) 혈관성 두통

혈관이 과도하게 확장되거나 수축하여 나타나는 것으로 알려진 두통의 총칭이다(그림 3-4).

그림 3-4 : 일차성 두통이 나타나는 원인

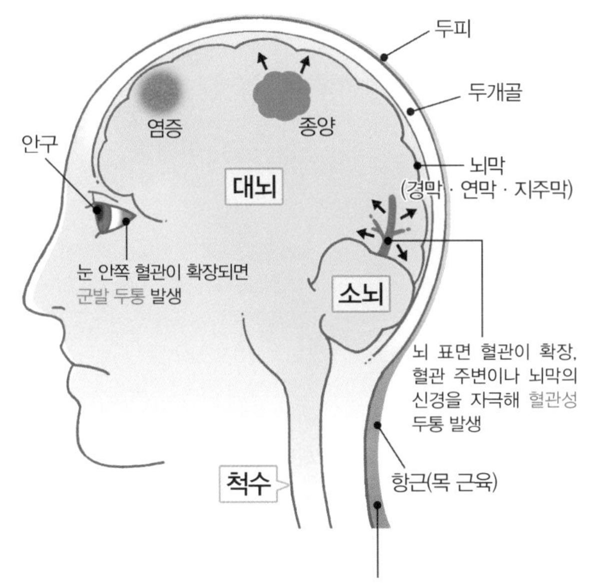
두피
두개골
염증
종양
안구
대뇌
뇌막
(경막 · 연막 · 지주막)
눈 안쪽 혈관이 확장되면
군발 두통 발생
소뇌
뇌 표면 혈관이 확장,
혈관 주변이나 뇌막의
신경을 자극해 혈관성
두통 발생
척수
항근(목 근육)
목이나 후두부 근육이 경직되어
긴장성 두통 발생

일차성 두통 중 스트레스 등에 의해 발생하는 긴장성 두통은 목이나 후두부의 근긴장이 원인이다. 군발(클러스터) 두통이나 편두통은 뇌 표면이나 눈 안쪽에 있는 혈관이 어떠한 원인으로 확장하여 혈관 주변이나 뇌막의 통증 신경을 자극해 두통을 일으킨다. 이차성 두통 중 뇌종양을 앓고 있을 때는 종양이 뇌막이나 혈관 주변의 통증 신경을 기계적으로 자극하여 통증을 일으킨다. 수막염이 있으면 염증이 뇌막의 통증 신경을 자극하여 통증을 일으킨다.

● 군발(클러스터) 두통

©Corbis-Fotolia.com

뇌의 바닥에 있는 시상하부 후부의 이상이 원인이 되어 발병하는 것으로 알려져 있는데, 아직 명확히 밝혀지지는 않았다. 내경동맥 주변에 있는 해면 신경총의 세로토닌이라는 화학전달물질이 악영향을 미치는 것으로 보인다. 머리나 안면의 신경 부종(물집)이 직접적인 원인이 되어 발병하며, 이 물집의 원인 물질이 혈관작동성장펩타이드(VIP)로 알려져 있다.

통증 정도가 심하며 환자에 따라서는 통증이 '마치 악마에 씌인 것 같은 느낌으로, 신체가 쇠약해진다'고 표현할 정도다. 예전부터 심근경색이나 요로결석의 통증과 같은 정도라고 하였으며, 3대 격통으로 유명하다.

이 두통의 특징은 1년~몇 년에 한 번, 1개월~몇 개월에 걸쳐 거의 매일 정해진 시간에 밀려오는 듯한 두통이 나타난다는 것이다. 통증 정도가 심해서 수면 중 발작을 일으키면 수면공포증이 나타나기도 한다. 눈 안쪽에 통증을 느끼는 경우가 많으며 눈물이나 콧물이 나오거나 동공이 작아지는 등의 자율신경 증상이 나타나기도 하고, 통증 발작이 없을 때도 어느 정도 두통이 이어진다.

이 증상은 '이미그란'과 같은 트립탄 계열의 약으로[27] 치료한다. 통증이 심해서 해외에서는 보통 이미그란을 자가 주사한다. 일본에서도 2008년부터 드디어 자가 주사가 보험에 적용되었다. 다른 약도 있지만 그다지 효과는 없는 편이다. 또 심호흡이나 산소를 흡입하면 예방이나 개선 효과를 보이기도 한다. 한편 두통이 있을 때는 절대 알코올을 섭취하면 안 된다.

---

27 Law S, Derry S, Moore RA. : Triptans for acute cluster headache.Cochrane Database Syst Rev. 2010 (; 4):CD008042.

● 편두통

편두통은 두통의 전조 증상으로, 섬휘암점(빛이 흔들리는 듯한 검은 점)이나 일반적인 수준의 빛도 눈부시게 느껴지는 수명(羞明), 소리공포증(큰 소리를 두려워하는 증상) 등이 나타나는 것이 특징이다. 심한 경우에는 메스꺼움이나 구토도 동반되며, 두통 없이 위의 증상만 나타나는 경우도 있다. 증상에 따라 조짐 편두통과 무조짐 편두통, 가족성 편마비성 편두통, 뇌저 편두통, 전조 증상만 있고 두통은 동반하지 않는 편두통, 돌발성 전조 증상을 동반하는 편두통, 6종류로 나눌 수 있다.

최근 연구에 의하면, 다양한 신경전달물질 수용체가 관련되어 있다고 한다. 칼시토닌 유전자 관련 펩타이드(CGRP)나 글루탐산, 캡사이신 수용체(TRPV1)가 관련되어 있는 것으로 알려져 있으며, 유전적인 요인도 있다.

두통이 있을 때 대뇌피질에 확연성 억제(대뇌피질에 화학물질 자극이 더해지면 신경세포의 이온 평형 상태가 무너져 천천히 주변으로 확산되는 현상) 증상이 나타나는데, 이것이 편두통의 원인으로 보인다.

편두통은 과로를 피하고, 스트레스가 쌓이지 않도록 기분 전환에 신경쓰며, 수면이 부족하지 않도록 생활 리듬을 일정하게 유지하는 것으로 예방할 수 있다. 또 커피처럼 카페인을 함유한 음료도 효과가 있다. 비타민 B_2나 마그네슘을 많이 함유한 음식과 허브(서양 머위나 피버퓨 등) 등도 효과가 있다.

세로토닌이라는 신경전달물질과 상호 작용하는 물질(아고니스트) 수마트립탄(제품명 이미그란, 이미트렉스)으로 혈관염증을 억제하여 치료할 수 있다. 최근에는 소염진통제인 이부프로펜(제품명 '부루펜')이나 아스피린도 효과가 있다. 미주 신경 자극 요법도 효과가 있는 것으로 보인다.[28, 29, 30]

또 음식이 원인이 되어 편두통이 나타나는 경우도 있다. 레드와인이나 치즈, 맥주, 초콜릿 등 티라민이 함유된 식품을 섭취하면 두통을 앓는 사례

28 Rabbie R, Derry S, Moore RA, McQuay HJ. : Ibuprofen with or without an antiemetic for acute migraine headaches in adults. Cochrane Database Syst Rev. 2010;10:CD008039.
29 Kirthi V, Derry S, Moore RA, McQuay HJ. : Aspirin with or without an antiemetic for acute migraine headaches in adults. Cochrane Database Syst Rev. 2010(; 4):CD008041.
30 Schoenen J, Ambrosini A: Update on noninvasive neuromodulation for migraine treatment—Vagus nerve stimulation. Prog Brain Res 2020;255:249–274.

가 있다. 이런 사람은 체질적으로 티라민을 분해하는 효소가 적어서 두통이 일어나는데, 상세한 구조는 밝혀지지 않았다. 편두통을 일으키는 식품에는 아이스크림, 요구르트, 오래된 치즈, 가공육(핫도그나 베이컨, 햄, 살라미 등), 감귤류, 견과류, 화학조미료에 함유된 글루탐산, 식품첨가물, 절임류, 닭 간, 돼지고기, 어류, 무화과나 잠두콩 통조림, 토마토, 카페인, 아황산나트륨, 보존제인 아질산나트륨 등이 있다. 이외에 일산화탄소나 납, 강한 빛, 향수 등도 두통을 일으키며, 아이스크림처럼 차가운 음식을 먹었을 때 두통이 발생하는 경우도 있다. 두통을 유발하는 음식 중 가장 높은 비율을 차지하는 것은 알코올(과음)으로, 여기에 대해서는 따로 설명하겠다.

긴장형 두통과 군발 두통, 편두통 이 세 가지를 일차성 두통이라고 하며, 다음에서 설명할 이차성 두통과 구분하고 있다. 일차성 두통의 특징은 특별한 신경 증상이 없으며 습관성으로 반복해서 일어난다는 것이다.

이차성 두통

이차성 두통은 뇌나 그 주변의 병변을 원인으로 나타나는 두통이다.

예를 들면 뇌종양에 의해 지주막이나 경막이 자극되거나 지주막하 출혈에 의해 지주막이 자극되어 일어나는 경우가 있다. 또 안면에 부종이 생기면 삼차신경이 자극되어 두통을 호소하기도 한다. 수막염 등도 수막이 자극되어 두통을 유발한다. 수막 자극에 의해 발생하는 두통 중에서 최근 뇌척수액 감소증(저수액압 증후군)이 주목받고 있다. 뇌의 측두 동맥염은 일본에서는 드물게 나타나는 질환으로, 측두의 박동성 통증과 시력에 이상이 생기면 곧바로 전문가(응급의학과나 뇌외과)를 찾아가야 한다.

이차성 두통은 일차성 두통에 비해 긴급 상황인 경우가 많아 주의가 필요하다. 이차성 두통 중에서 특히 긴급을 요하는 것을 **표 3-5**에 기재하였다. 이러한 두통이 나타나면 즉시 병원에 가야 한다.

표 3-5 : 긴급을 요하는 이차성 두통

지주막하 출혈, 경막 동정맥류	겪어본 적 없는 심한 두통이 갑자기 발생한다. 메스꺼움이나 구토를 호소하는 경우가 있다.
뇌출혈	고령자에게서 두통이 나타날 경우 뇌출혈을 의심해야 한다. 메스꺼움이나 구토, 이따금 간질과 비슷한 발작을 보이기도 한다.
수막염	두통과 고열이 특징. 목 뒤 근육이 단단해지거나 브루친스키 목 현상(목을 들어올리면 양쪽 무릎이 반사적으로 올라감)이 심해진다. 머리를 움직이면 두통이 심해진다.
외상에 의한 두통	넘어져 머리를 부딪쳤을 때 두통이 지속되거나 머리가 무거워지면 주의가 필요하다.
뇌종양	두통이 지속된다면 긴급 상황은 아니지만 검사가 필요하다.

두통은 아니지만, 원인이 뇌에 있는데도 신체적으로 느껴지는 통증이 있다. 바로 시상통이다. 뇌경색이나 뇌출혈에 의해 시상에 병변이 생겨 발생

하는 신체의 일측성 통증이다. 마비된 곳과 같은 쪽에 신체 통증이 나타난다. 시상은 다른 지각과 마찬가지로 통각도 중계한다. 여기에서 대뇌피질의 제1차 지각령으로 통증 정보를 전달한다. 어떤 구조로 시상통이 일어나는지는 아직 밝혀지지 않았다.

● 알코올에 의한 두통

알코올을 분해하는 요소가 선천적으로 없는 사람은 소량의 알코올에도 두통이 발생한다. 알코올(에틸알코올)은 간에서 알코올 탈수소효소(ADH:ADH에는 ADH_1, ADH_2, ADH_3 세 종류가 있으며, 일본인에게는 ADH_2가 많음)에 의해 아세트알데하이드가 된다. 이것이 다시 아세트알데하이드 탈수소효소(ALDH)에 의해 아세트산(초산)으로 분해되고, TCA사이클(트리카르복시산 순환 과정)이라는 당 분해 과정을 통해 탄산가스와 물이 되어 내쉬는 숨(폐)과 소변으로 배출된다. 일본인의 약 40%는 아세트알데하이드 탈수소효소Ⅱ가 비활성화되어 있어서 소량의 음주에도 안면홍조나 동계(두근거림), 메스꺼움과 함께 두통을 느낀다.

대사 도중에 생기는 아세트알데하이드는 독성이 강해서 음주 후 두통과 숙취의 원인이 된다. 아세트알데하이드 탈수소효소(ALDH)가 없거나 적은 사람은 이 중간대사물질이 그대로 체내에 머무르거나 오랫동안 축적되어 알코올 두통을 일으킨다. 또 ADH 활성이 낮은 사람은 알코올이 아세트알데하이드로 분해되지 않고 혈액이나 뇌에 그대로 머무르기 때문에 술이 쉽게 깨지 않는다. 이런 사람은 알코올을 섭취하면 보통 사람보다 뇌경색에 걸릴 위험이 약 2배 높다. ADH와 ALDH 모두 고령자일수록 활성이 저하(작용이 둔화)된다. 한편 뇌신경 세포는 어느 정도 알코올에 강해지는 알코올 내성이 생긴다. 그래서 이 두 효소의 활성과 알코올 내성은 서로 반대작용을 일으킨다. 그러나 알코올 내성에는 한계가 있고 효소 활성의 저하가 더 큰 영향을 주기 때문에, 일반적으로 나이가 들수록 알코올에 약해진다.

알코올 두통을 예방하기 위해서는 당연히 과음을 피해야 하지만, 음주 시에는 물로 묽게 만들어서 천천히 시간을 들여 마시면 도움이 된다. 또 식사와 함께 천천히 섭취하면 알코올 흡수를 늦출 수 있다. 다만 과식하면 오히려 췌장에 부담을 주기 때문에 주의가 필요하다. 알코올을 섭취할 때는 식사량을 줄이는 것이 중요하다.

숙취가 있을 때 수분을 많이 섭취하면 알코올을 빨리 배출할 수 있다. 반대로 목욕은 오히려 알코올 분해 대사를 늦춘다.

COLUMN 1 인종이나 지역에 의한 술의 세기 차이

ALDH(아세트알데하이드 탈수소효소)의 유전자 다형은 타고난 체질이지만, 인종에 따라 그 발생 비율이 다르다. AG 유형(술에 약한 유형)이나 AA 유형(술을 마시지 못하는 유형)은 황색인종에만 있으며, 각각 약 45%와 약 5%를 차지한다. 이에 반해 백인이나 흑인, 호주 원주민 등은 모두 GG 유형(술에 강한 유형)이라고 한다. 지역 차도 있는데, 하라다 가쓰지[31]에 의하면 술에 강한 유형의 유전자를 가진 사람은 아키타현에 가장 많으며(77%), 그 다음이 이와테현과 가고시마현(71%)이라고 한다. 알코올에 강한 유형은 주부, 긴키, 호쿠리쿠 지역에는 적으며, 동서 방향으로 갈수록 증가하여 규슈와 도호쿠 지역에는 많아지는 경향을 보인다. 알코올에 강한 유형이 가장 적은 곳이 미에현(40%)이며, 그다음이 아이치현(41%)이다.

GG 유형은 아세트알데하이드를 빨리 분해하긴 하지만 알코올 자체는 뇌로 직접 들어가기 때문에 취하기는 한다. 알코올에 취하는 것은 아세트알데하이드 탈수소효소(ALDH)의 활성과는 직접적인 관련이 없다. 이 GG 유형이 알코올 중독이 될 확률은 다음 AG 유형의 약 6배에 달한다고 한다. 일본에서는 알코올 중독의 약 90%가 GG 유형인 것으로 추정된다.

아세트알데하이드는 독성이 강하며 대체로 알코올 두통의 원인이 되는 물질인데, AG 유형은 이 아세트알데하이드를 분해하는 능력이 약하다. 또 음주에 동반되는 각종 질환에 걸리기 쉽다. 역학조사 결과, AG 유형은 같은 양의 알코올을 섭취해도 타 유형에 비해 인두암이나 대장암 등 음주 습관과 관련된 질환에 걸릴 위험이 더 높은 것으로 밝혀졌다. 알코올성 암에 걸릴 위험은 AG 유형이 GG 유형에 비해 1.6배 높다.

31 原田勝二「アルコール依存症と関連するADHとALDH」(2002年, 分子精神医学)2:15–23より

AG 유형은 알코올 중독이 될 확률은 낮지만, 같은 양을 마셔도 GG 유형보다 더 빨리 알코올 중독에 빠진다. 그러므로 알코올에 약한 사람은 무리하게 술을 마시지 않는 것이 좋다.

AA 유형은 알코올을 마시지 못하는 사람이기 때문에 절대 술을 마셔서는 안 된다. 최근의 연구에 따르면 ALDH 유형뿐만 아니라 ADH(알코올 탈수소효소) 유형도 알코올 중독이나 각종 알코올성 질환이 발병할 확률이 변하고 있다. 유전적으로 $ALDH_2$ 결손형과 ADH_1B 저활성형이 술에 가장 약한 조합이며, 일본인의 2~3%가 이 유형에 속한다. 알코올 분해 속도는 연령차가 있어서, 고령일수록 분해 속도가 느려진다.

과도한 음주는 건강에 해롭다는 것은 잘 알려진 사실이지만, 알코올 분해효소가 있는 사람이라면 하루에 와인 2잔 정도까지는 건강에 도움이 되며, 또 최근에는 치매 예방에도 효과가 있는 것으로 밝혀졌다.[32]

32 Sabia S et al: Alcohol consumption and risk of dementia: 23 year follow-up of Whitehall II cohort study. BMJ. 2018;362:k2927.

COLUMN 2 간접흡연증과 두통

간접흡연증(일본명 : 수동흡연증)이란, 일본 금연학회와 금연추진의사 치과의사연맹 수동흡연 진단기준위원회에 의해 붙여진 병명으로, 간접흡연에 의해 발병하는 질환이다.

담배 연기에 노출되면 눈이 아프고 얼얼한 자극 증상, 기침과 천식, 목이 아픈 호흡기 증상, 두통과 같은 뇌혈관 자극 증상이 나타난다. 이를 급성간접흡연증이라고 한다. 간접흡연을 하지 않으면 증상이 사라지며, 담배 연기 이외의 유해 물질에 노출되지 않을 경우 급성간접흡연증 가능성이 커진다. 간접흡연이 반복되면 재발성 급성간접흡연증이 되고, 이 증상이 진행되면 만성간접흡연증이 발병하게 된다.

만성간접흡연증의 질환 종류에는 화학물질 과민증, 아토피성 피부염, 기관지천식 또는 악화된 기관지천식, 협심증, 심근경색, 뇌경색, 만성폐쇄성호흡기장애(COPD), 소아 폐렴, 중이염, 기관지염, 부비강염, 신체적 발육장애 등이 있다.

만성간접흡연증의 진단 기준은 비흡연자가 주 1시간 이상 반복적으로 피할 수 없는 간접흡연에 노출되고, 24시간 이내에 측정한 소변에서 코티닌(니코틴을 분해했을 때 나오는 물질)이 검출되는 것이다. 단 하루 동안 몇 분이라도 피할 수 없는 간접흡연을 했을 때는 이것이 원인이 되어 다른 만성 증상이 나타날 가능성이 있기 때문에, 하루에 1시간 이내로 담배 연기에 노출되었을 때는 상황을 보고 종합적으로 판단하여 간접흡연증으로 진단할 수 있다.

그리고 만성간접흡연증과 거의 동시에 발병하는 중증간접흡연증이 있다. 이 중증간접흡연증이 원인이 되어 발병하는 질환이 폐암이나 자궁암, 백혈병, 부비강암, 허혈성 심질환, 영유아 돌연사증후군, 만성폐쇄성호흡기질환, 뇌경색, 심근경색 등이다.

얼굴은 왜 아플까? - 다양한 안면 통증

두통이 안면에 영향을 미쳐 얼굴에 통증이 나타나는 경우가 있다. 얼굴 통증의 대부분은 삼차신경통과 대상포진, 대상포진 후 신경통 등이다. 다만 안면에는 눈이나 코, 입, 귀, 치아, 구강, 인두, 침샘, 턱관절, 뼈 등이 있어서, 질환의 원인에 따라 각각의 전문가와 연계하여 진단 치료해야 한다.

● 삼차신경통

식사나 세안, 양치 등을 했을 때 찌릿하고 매우 강한 전격통(전기가 닿는 듯한 통증)이 얼굴 절반에서 나타나는 질환이다. 심한 경우에는 세안이나 양치를 할 수 없게 되어 위생적인 문제로 이어진다. 또 식사를 할 수 없어서 영양 장애가 생기는 경우도 있다.

삼차신경은 12개의 뇌신경(척수를 통하지 않고 뇌에서 바로 체표로 나오는 신경) 중 5번째 신경으로, 이름처럼 얼굴의 이마 부분과 윗입술에서 눈 부분, 아랫입술에서 턱 부분으로 나뉘고, 3개의 신경 줄기가 있으며, 주로 지각을 지배한다. 세 번째 하악 신경에는 안면신경의 운동신경도 일부 섞여 있다.(그림 3-6)

삼차신경은 뇌신경 중에서도 특수해서, 통증을 전달하는 신경의 중계핵이 척수 위쪽에 있다(삼차신경 척수로핵). 삼차신경통의 대부분은 뇌 안쪽 신경이 나오는 곳의 구부러진 혈관이 동맥경화 등으로 자극되어 발병한다. 종양이나 그 외의 병변이 신경을 압박하여 일어나기도 한다. 또 삼차신경통 중 일부는 다발성 경화증처럼 신경이 변성하는 질환에서 발병하기도 한다.

치료 방법에는 약물요법이나 신경 차단 요법, 수술요법 등이 있다. 약물요법에는 '카바마제핀(테그레톨)'이나 '페니토인(알레비아틴)'과 같은 항경

렌제나, '클로나제팜(리보트릴)'과 같은 발작 예방제를 사용한다. 과다 복용하면 휘청거림 등 부작용이 나타날 수 있어서 전문가와 상담해야 한다.

통증진료과에서는 주로 신경 차단 요법을 실시한다. 마취제, 신경파괴제, 열 등을 이용해 일시적 또는 장기간 활동을 둔하게 하는 방법이다. 연령이나 통증 정도 등을 고려해 환자와 상담하여 진행한다. 수술요법보다 침습(신체에 대한 악영향)이 적다는 것이 장점이며, 수개월 후에 통증이 재발할 수 있다는 점이 단점이다. 또 세 번째 분기 신경인 하악 신경은 혀 앞쪽 3분의 2 지점의 미각을 지배하고, 하악 근육(교근)의 운동을 관장하는 안면신경도 섞여 있어서 신경 차단 요법을 선택할 때 주의가 필요하다.

수술요법에서는 압박하고 있는 혈관을 개두술로 해제한다. 이 수술은 피츠버그 대학의 재닛 교수가 처음 실시한 수술로, 일본에서는 후쿠시마 다카노리 교수가 해당 수술을 진행한 경험이 많다. 침습이 있을 수 있으므로 환자에게 권할 때는 연령이나 통증 정도, 재발 등을 고려해야 한다.

그림 3-6 : 삼차신경과 세 가지 줄기인 안 신경, 상악 신경, 하악 신경

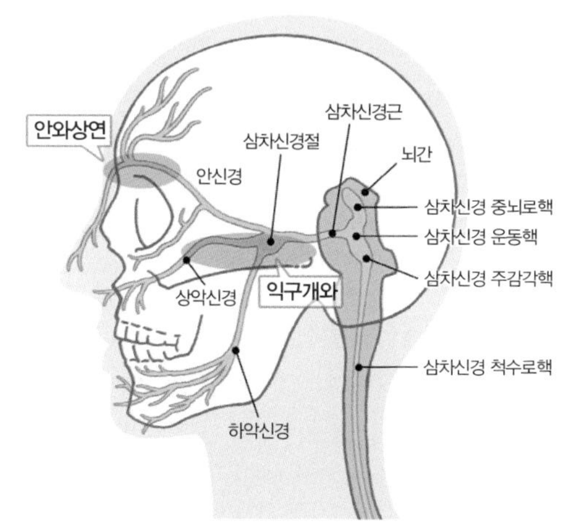

안신경의 가지인 안와상 신경 차단은 눈 위쪽 움푹 패인 곳(안와상연)에서, 상악 신경은 바늘을 넣어 상악골(위턱뼈)의 익구개와라고 하는 부분 앞에서, 하악 신경은 익구개와 뒤에서 차단한다.

최근에는 카롤린스카 대학 뇌신경외과의 렉셀 교수에 의해, 방사선을 돋보기처럼 한 초점에 모아 빔으로 조사하는 '감마나이프' 방법이 개발되었다. 고령자처럼 수술 위험이 높은 경우 감마나이프로 빔을 삼차신경의 뿌리에 조사하면 신경 차단과 같은, 혹은 그 이상의 효과를 보이며, 통증을 전달하는 신경을 차단하는 치료도 가능하다. 초기에는 통증이 80% 정도 사라지거나 경감되고, 장기적으로 봤을 때는 통증이 60% 정도 억제된다. 보험이 적용되지 않아 고액이라는 것과, 다량의 방사선을 조사한다는 것이 단점이다.

● 안면의 대상포진 및 대상포진 후 신경통

안면의 지각신경 즉 삼차신경 영역에 대상포진이 생겨 그 부분에서 통증이 느껴진다. 고령자에게 많이 나타나며 주로 안신경 영역에 생긴다. 이 부분에 대상포진이 생겼을 때는 수막염이나 뇌염으로 번질 위험이 있으므로 특히 주의해야 한다. 눈 안에 생기면 각막염이나 결막염을 일으키고 실명될 수도 있다. 또 드물게 치조골이 죽거나(괴사) 이가 빠지기도 한다. 귓속에 생기면 이명이나 현기증 등의 후유증이 남을 수 있고, 안면근의 운동을 관장하는 안면신경에 생기면 안면신경마비(람세이헌트증후군)가 생기기도 한다.

치료 시에는 조기에 항바이러스제를 투여하여 신경 차단으로 통증을 완화함과 동시에 그 부분의 혈류를 돕는다. 또 '이미프라민(토프라닐)'이라는 항우울제가 필요한 경우도 있다. 대상포진, 대상포진 후 신경통과 이러한 치료에 대한 구체적인 내용은 '등 통증' 부분에서 설명하겠다(p.103 '대상포진과 대상포진 후 신경통' 참조).

● 비정형성 안면통(지속성 특발성 안면통)

주로 상악 신경 영역에 나타나는 증상으로 중년 여성에게 많이 발생하며, 코나 치아 질환과 착각하는 경우가 있다. 발병 원인은 아직 밝혀지지 않았다. 삼차신경통과 달리 통증이 지속적이고 변동적이며, 통증이 심하지는 않은 편이다. 효과적인 치료 방법에는 신경 차단 이외에 '아미트리프틸린', '가바펜틴', '캡사이신'을 이용하는 약물요법이나, 침, 온열요법 등이 있다.

비정형성 안면통로 인한 우울증

28세 · 여성, 사무직

수개월 전부터 왼쪽 안면 통증을 호소하여 각종 진통제를 복용했지만 통증이 사라지지 않았고, 내과에서 여러 검사를 받았으나 특별한 이상은 발견되지 않았다. 진통제를 처방받았지만 효과가 없어 통증진료과에서 진료를 받았는데, 환자의 얼굴이 우울해 보였다(우울 안모). 촉진 결과 특별한 신경 증상은 없었으며, 바이탈사인(전신의 호흡이나 심장 소리, 체온 등)에서도 특별한 이상은 발견되지 않았다. 젊은 여성에게 많이 나타나는 상악동염도 없는 것 같았다. 다만 왼쪽 안면의 피부 온도가 오른쪽보다 조금 낮다는 것을 알 수 있었다. 통증 성질이 삼차신경통과는 명확히 구분되었다.

생활이나 업무에 대해 물어보니 업무에는 특별한 문제가 없었으며, 몇 주일 후에 약혼자와 결혼한다고 하였다. 비정형성 안면통을 의심하고, 익구개신경절(익구개와라고 하는 코와 입 사이의 뼈가 움푹 팬 곳에 있는 자율신경절)을 시험적으로 차단하자(p.66 그림 3-7), 통증이 사라지고 왼쪽 안면의 피부 온도도 높아졌다. 그 후 항우울제를 처방하고 일주일마다 동일한 신경절을 차단하자 점점 증상이 호전되었다. 그러나 3주일 정도 경과 후 병원에 방문하지 않는 것이 걱정되어서 가족에게 전화로 상태를 물어보았다. 가족은, 며칠 전에 정신병원에 입원하였는데 다음 날 창문에서 뛰어내려 자살했다는 소식을 전했다.

비정형성 안면통의 원인은 밝혀지지 않았다. 그러나 이 환자의 경우 마음이 내키지 않는 결혼을 앞둔 초조함이나 긴장, 우울 등이 겹쳐 발생한 것 같다. 가족과의 소통이나 정신과 의사의 대응, 정신과 의사와의 커뮤니케이션 결여 등 여러 가지 반성할 만한 점이 있었다. 아무리 생각해도 안타깝고, 지금도 내 마음을 무겁게 하는 사례다.

● 설인신경통

목이나 편도, 혀, 침샘을 지배하는 제9 뇌신경(설인신경)이 원인 불명의 기능부전에 빠져 목 안쪽이나 혀 뒤쪽에 반복적으로 격통 발작이 일어나는 질환이다. 보통 40세 이후에 발병하며, 주로 남성에게 나타나는 희귀질환이다. 삼차신경통과 비슷하며 발작 시간이 짧아 몇 초에서 몇 분간 간헐적으로 나타나는데, 통증이 참기 힘들 정도로 심하다. 음식을 씹고 삼키고 기침하거나 재채기하는 등의 움직임에 의해 발작이 발생한다. 통증은 목 안이나 혀 뒤에서 시작되고 귀까지 퍼지기도 한다. 뇌경색이나 뇌종양, 뇌동맥류, 뇌혈관질환이 잠재된 경우도 있어서, 전문가에게 검사 받아야 한다. 삼차신경통과 같은 합병증이 나타나거나 미주신경 증상(서맥, 실신발작)을 동반하기도 한다.

발작에는 삼차신경통과 마찬가지로 '카바마제핀(테그레톨)'이 효과적이다. 통증 원인이 위에 설명한 것이 아니거나 통증이 심한 경우에는 설인신경 차단을 실시한다.

● 익구개 신경통(슬러더 증후군)

익구개 신경절은 코 내부에 있는 신경절로, 1908년에 슬러더가 이 신경절에 국소마취제를 투여하면 익구개 신경통이 개선된다는 것을 보고하여 알려지게 되었다. 발병 원인에 대해서는 다양한 설이 있는데, 아직 밝혀지지는 않았다. 30세 이상의 여성에게서 많이 나타나며, 코 막힘이나 콧물, 눈물 등을 동반하는 비근부 근처 통증이 10~30분간 지속되는 발작이 나타난다. 군발 두통과 구별하기 어려운 사례도 있다. 휘어 있는 특수한 바늘로 익구개 신경절을 차단하는 방법이 효과적이다(**그림 3-7**).

앞에서 설명한 비정형성 안면통 사례에서는 다음과 같은 코와 눈 증상은 없었다.

- 부비강염 또는 종양 : 코 주변의 안면에 무딘 통증이 지속될 경우 이 질환을 의심할 수 있다. 통증이 지속될 때는 이비인후과 전문의와 상담해야 한다.
- 턱관절 이상에 의한 통증 : 입을 움직일 때 턱이 아프면 각종 원인을 의심할 수 있다. 예를 들면 악관절증이나 악관절 아탈구, 골절, 관절염, 종양 등이다. 이비인후과나 치과 전문의와 상담해야 한다.
- 치과 질환에 의한 안면통 : 충치나 치주병, 구강내 농양, 발치 후 복합부

그림 3-7 : 익구개 신경절 차단

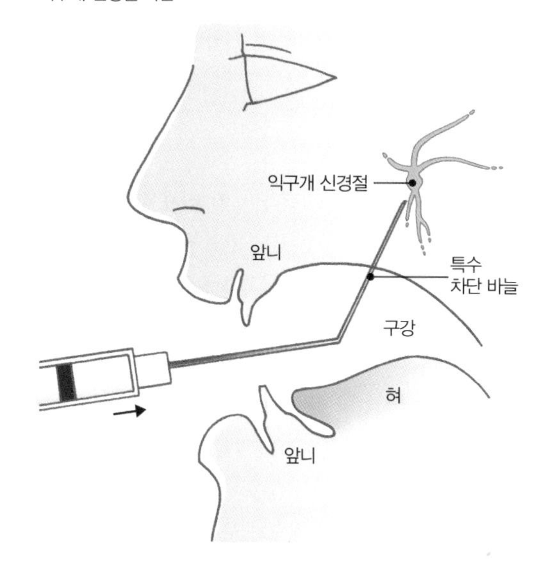

위 통증 증후군 등이다. 치과나 통증진료과에서 상담할 필요가 있다.

- 이비인후과 질환이나 안과 질환에 의한 안면통 : 다양한 질환이 의심된다. 먼저 각 전문가와 상담하는 것이 중요하다.

● 심인성 안면통

우울증이나 히스테리 등이 원인이 되어 안면통이 발생하는 경우가 있다. 또 이러한 질환으로 인해 안면 통증이 악화하기도 한다. 전문가들이 연계하여 치료할 필요가 있다.

이외 안면통을 일으키는 질환으로 뇌경색이나 타석증(침샘 도출관에 석회가 쌓이는 병) 등이 있다.

목은 왜 아플까? - 다양한 경부 통증

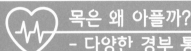

목은 신경계에서 뇌와 척수를 지탱하며, 각 신체 부위 말초신경계의 중계 역할을 한다. 골격계에서는 경추와 그 주변 근육으로 머리를 지탱하고, 또 머리 위치나 운동에 관여하는, 역학적으로 중요한 활동을 한다.

이족보행으로 진화한 사람이 다른 포유류와 크게 다른 점은 뇌가 극단적으로 발달했다는 것이다. 뇌가 있는 두개골이 커서 머리의 무게도 무겁다. 그런데 사람의 목은 이 무게를 지탱할 만큼 발달하지는 못했다. 사람은 진화 과정에 있으며, 목은 아직 충분히 이상적인 지지 조직이 되지 못했다. 더 진화한다면 목 통증이 그리 심하지는 않을 것이다.

구조적으로는 먼저 뇌에서 나온 척수가 두개골 아래 구멍에서 경추 내부를 지나 내려간다(**그림 3-8**). 7개의 뼈로 이루어진 경골은 두개골을 지탱하는 동시에 서로 관절 돌기로 이어져 있으며, 목이 전후 · 좌우로 회전할 수 있도록 조화롭게 완성되었다(p.70 **사진 3-9**). 목 운동을 위해서는 경골에 붙어 있는 인대나 근육이 필요하다. 또 목 근육의 움직임을 명령하는 신경이 경골의 가로 구멍(추간판 구멍)에서 나온다.

목 통증은 인류 공통의 고민이다. 이는 진화 과정에서 목이 꽤 큰 뇌를 지탱하게 되었지만 구조상 제대로 구축되지 않았기 때문이다. 특히 최근에는 컴퓨터나 게임기 등의 보급으로 사람들이 목에 더욱 무리한 부담을 주고 있다. 즉 현대인들의 목은 업무와 놀이로 인해, 해부학적인 구조와 기능보다 훨씬 높은 부담을 받고 있는 것이다.

● 무리한 자세나 장시간 같은 자세에 의한 목 통증(목의 자세 통증)

목 통증의 원인 중 약 10%가 질환과 관련 있다. 나머지 80~90%는 특별히 질환이라고 할 수 없는, 걱정하지 않아도 되는 통증이다. 이러한 목 통증

그림 3-8 : 사람의 경추와 척수

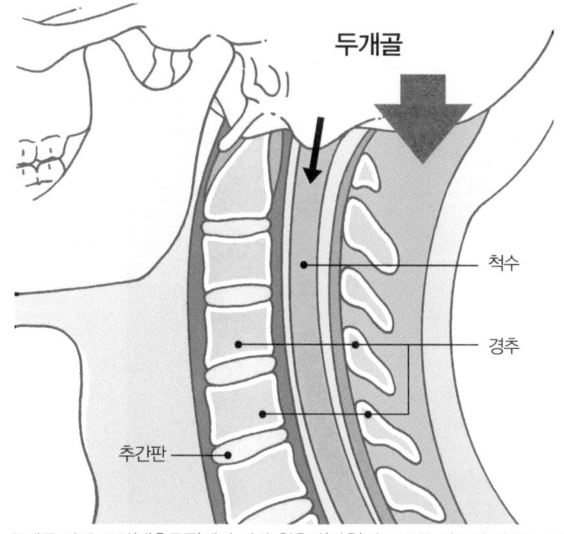

척수는 두개골 아래 구멍(대후두공)에서 나와 척추뼈(경추)의 보호를 받으며 아래로 내려간다. 사람은 이족보행을 하게 되면서 손을 자유로이 사용할 수 있게 되었지만, 경추나 척수는 두개골의 무게를 견디게 되었다.

을 통틀어 경견완 증후군이라고 한다.

같은 자세를 장시간 유지하는 것이 목 통증의 가장 큰 원인이다. 목이나 어깨 근육에 피로가 쌓이거나 긴장으로 인해 혈행이 나빠져 통증을 유발하고, 악화하면 염증을 일으킨다.

보통은 체조 등으로 개선되지만, 통증이 지속되는 경우에는 통증을 완화하는 치료를 받아야 한다. 치료에는 소염진통제나 근육을 풀어 주는 근이완제를 사용한다. 다만 이런 치료는 목 통증의 근본적인 원인을 치료하는 것은 아니다.

앞에서 설명했듯이 사람 목의 뼈나 근육은 머리 무게를 지탱하기 때문에 부담이 될 수 있어서, 목 근육을 단련하면 뼈의 부담을 줄이고 노화로 인한 뼈의 변형을 예방하거나 통증을 경감시킬 수 있다.

사진 3-9 : 사람의 경추와 경수

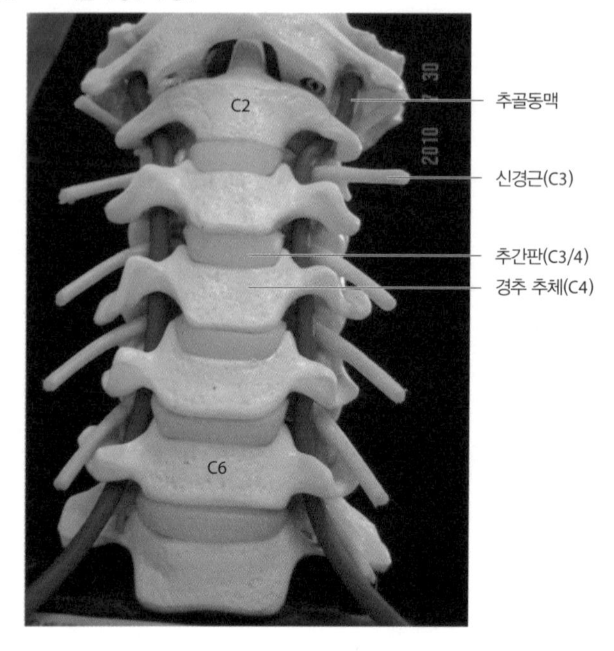

통증이 심한 경우에는 통증진료과에서 신경 차단 등의 치료를 받아야 할 수도 있다. 좀처럼 통증이 사라지지 않을 때는 전문가와 상담할 것을 권한다. 또 컴퓨터 앞에서 오래 일하는 사람이나 장시간 같은 자세로 업무를 보는 사람은 예방 차원에서 목 근육을 단련하는 것도 도움 된다.

● 잘못된 수면 자세에 의한 통증(자세 통증의 일종)

잠을 잘못 자서 생긴 목 통증은, 수면 중 장시간 목에 무리가 가는 자세를 취했을 때 발생하며, 주로 옆으로 누워서 잘 때 발생한다. 원인으로는 ① 체형에 맞지 않는 베개, ② 자세 문제, 예를 들면 팔을 아래에 둔 자세, 엎드려서 자는 자세 등을 들 수 있다. 또 ③ 수면 부족의 영향으로 장시간 같은 목 자세를 유지하는 행위나 과음, 수면제의 남용도 통증으로 이어질 수 있다.

같은 목 자세를 장시간 유지하면 늘어난 부분의 근육에 가벼운 염증을 일으킨다. 염증이 생긴 근육 통증의 수용체에서 **그림 3-10**처럼 척수에 자극 정보를 보낸다. 그러면 반사적으로 근육은 수축한다. 근육이 수축하게 되면 통증 수용체는 더욱 자극을 받고, 이것이 악순환하면서 잠잘 때 통증이 생긴다(p.72 **그림 3-11**).

그림 3-10 : 장시간 같은 자세를 취하여 발생하는 근육통

정상 상태

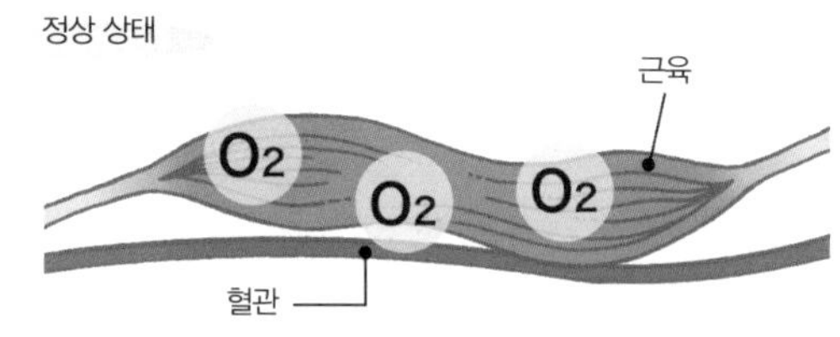

같은 자세가 지속된 상태

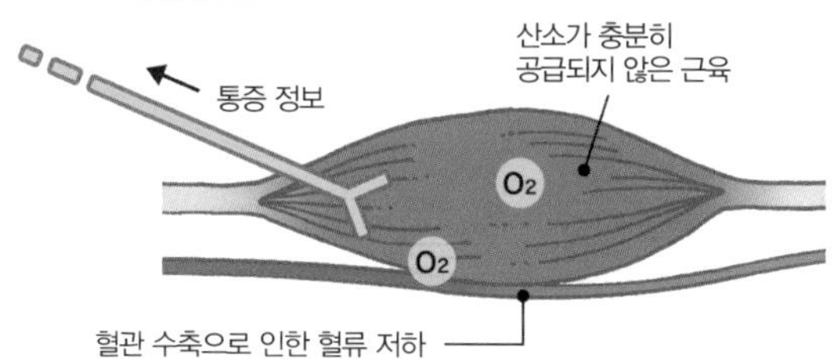

장시간 무리한 자세로 잠을 자면 반사적으로 혈관이 수축되어 혈류가 나빠지고 근육에 산소가 충분히 공급되지 않아 근육에 젖산이나 그 외 대사물질이 쌓이게 된다.

따라서 우선 베개의 높이나 부드러운 정도가 자신에게 맞는지 확인하고, 수면 자세와 생활 습관 등을 개선하는 것이 중요하다. 단순히 잠을 잘못 자서 생긴 통증이라면 안정을 취하거나 소염 진통제를 복용하면 약 2주 이내

그림 3-11 : 잠잘 때 통증이 생기기 쉬운 자세

· 베개가 없어서 경추가 휘어져 있다

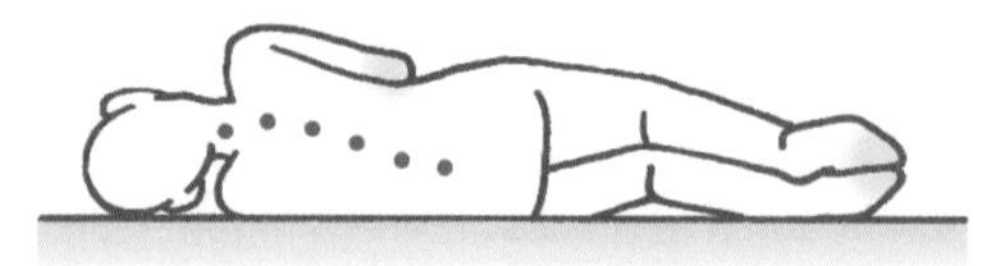

· 베개가 너무 높아서 경추에 부담

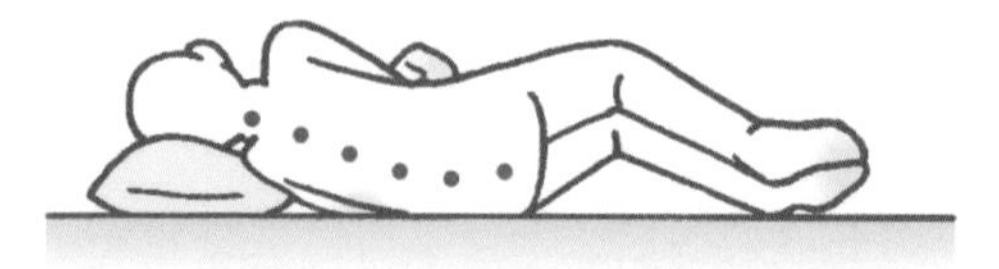

· 팔짱을 끼면 어깨와 상완의 혈류가 나빠진다

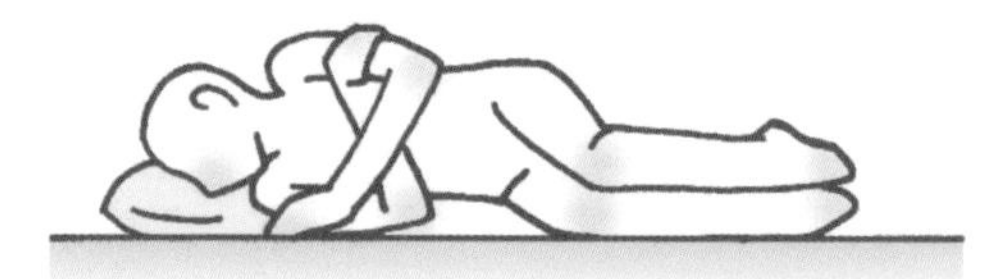

에 낫는다. 그런데 통증이 2주 이상 지속되거나 반복적으로 나타나면 경추에 이상이 생겼을 가능성이 있으므로 전문가(정형외과나 통증진료과 등)와 상담해야 한다.

목 자세와 긴장에 의한 통증이나, 앞으로 설명할 잘못된 수면 자세에 의한 통증을 예방하는 방법의 하나로 목 근육을 단련하는 운동이 있다.

목을 움직이지 않고 목 근육을 수축시키는 운동을 여러 차례 반복하는 것이다. 예를 들면 ① 침대에 똑바로 누운 상태에서 베개를 치우고 1분 정도 같은 자세를 유지하거나 ② 머리에 약한 힘을 주고 베개를 누르거나 또는 ③ 깍지를 끼고 머리 뒤쪽에 댄 다음 손으로 머리를 앞으로 당기는 것도 좋은데, 이때 머리를 좌우로 45도 정도 천천히 회전하면 목 근육 전체가 운동하게 된다. 앉아서 목에 힘을 주는 것만으로도 목 근육 운동이 된다.

● 연축성 사경(경부 디스토니아)

경부 근육이 자신의 의지와 상관없이 수축하여 머리 위치가 한쪽으로 치우치는 질환이다(**그림 3-12**). 나이 제한이 없이 발생하지만 주로 장년기에 발병한다. 긴장하거나 걸을 때 악화되고, 안정을 취하며 누워 있으면 호전되는 경우가 많다.

그림 3-12 : 연축성 사경(경부 디스토니아)

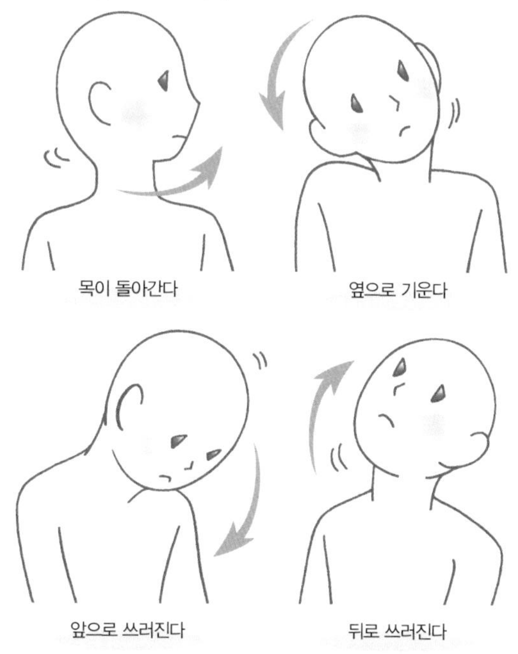

다양한 유형이 있으며, 목이 회전하는 유형(왼쪽 위), 옆으로 기우는 유형(오른쪽 위), 앞으로 쓰러지는 유형(왼쪽 아래), 뒤로 쓰러지는 유형(오른쪽 아래) 등이 있다.

일부 직업적으로 특수한 자세와 관련 있는 경우가 있다. 자세를 유지하는 데 중요한 기능을 담당하는 뇌의 기저핵 장애가 원인으로 추정된다. 신체 비틀림 · 옆으로 휨(측굴) · 앞뒤로 굽음(전후굴) · 떨림 · 견거상(올라간 어깨) · 측만(척추가 옆으로 휨) · 신체의 축이 비틀어짐 등과 같은 증상을 보이는 사례도 있다.

또 대부분의 사례에서 경부 통증을 호소한다. 내복약(항콜린제 등) 이외에 보툴리누스 독소의 근육 내 주사나 침 치료, 정위뇌수술, 선택적으로 근육의 지각신경을 차단하는 수술, 신경 차단 요법, 척수 전기자극 요법 등이 시도된다. 젊은 세대에서 발병하면 대체로 1년 이내에 자연적으로 치료되지만, 다음 해에 재발하는 경우가 많다. 이전에는 연축사경이라고 불렀다.

● 경추 추간판 헤르니아(경추 디스크 탈출증)

앞에서 설명했듯이 외부의 작은 힘에 의해 무거운 머리와 흉부 사이가 비틀어진다. 이 비틀어지는 힘 하나하나가 경추의 쿠션이라고도 할 수 있는 경추 추간판을 어긋나게 한다. 추간판은 중심에 있는 젤리 상태의 수핵과 그 주변의 섬유륜으로 이루어져 있다. 목에 무리한 외부 자극이 가해지면 이 젤리 상태의 수핵이 척수가 다니는 척주관으로 튀어 나가게 된다(**사진 3-13**).

그 결과 추체에서 나온 추간판이 척수(경수)를 압박하거나 추간판 구멍에서 나오는 신경근을 압박한다. 이것이 경추 추간판 헤르니아이다. 경추는 7개가 있는데, 그중에서 외부 힘을 가장 받기 쉬운 것이 5, 6, 7번째 경추 추간판이다. 신경근이 압박되면 목뿐만 아니라 손까지 통증이나 저림 증상이 나타나고, 더 심해지면 마비가 발생한다. 통증이나 저림은 대부분 한쪽에만 나타나고, 여기에서 더 심해지면 목 아래쪽이 마비되기도 한다.

증상이나 X레이 검사로도 진단을 내릴 수 있지만, MRI(자기공명영상)가 정확하다.

우선 헤르니아가 진행되지 않도록 보존적으로 경추 보호대를 고정하는 것으로 치료하며, 급성기로 통증이 심한 경우에는 소염진통제를 복용하거나

사진 3-13 : 경추 추간판 헤르니아 MRI(자기공명영상)

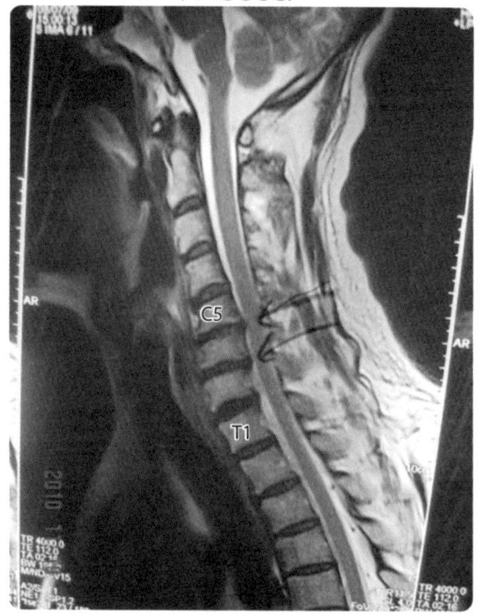

제5 경추(C5)와 제6 경추 사이의 추간판이 척수가 지나는 관(척주관)으로 튀어 나가 척수가 앞쪽에서 압박된다.

경막외에 저농도 국소마취제나 스테로이드를 주입한다(경부경막외 차단).

다음으로 경추를 견인하여 헤르니아의 신경근 압박 증상을 경감시킨다. 이러한 치료법에 효과가 없을 때는 침습이 적은 외과적 방법, 예를 들면 경피적 수핵 적출술이나 레이저로 추간판 형성술 등을 실시한다. 그래도 증상이 개선되지 않을 때는 추간판 적출술을 진행한다. 또 경추에 의한 압박 증상을 없앨 목적으로 추궁 절제술이나 경추가 외부 자극에 더 약해지지 않도록 뼈를 심어 고정하는 경추 고정술 등을 실시한다.

● 편타성 손상

자동차 충돌 사고가 원인이 되어 발생하는 경우가 가장 많으며, 사고 당시 경추는 뒤쪽으로 심하게 늘어났다가 앞쪽으로 심하게 굽는 상태가 된다.

그림 3-14 : 편타성 손상

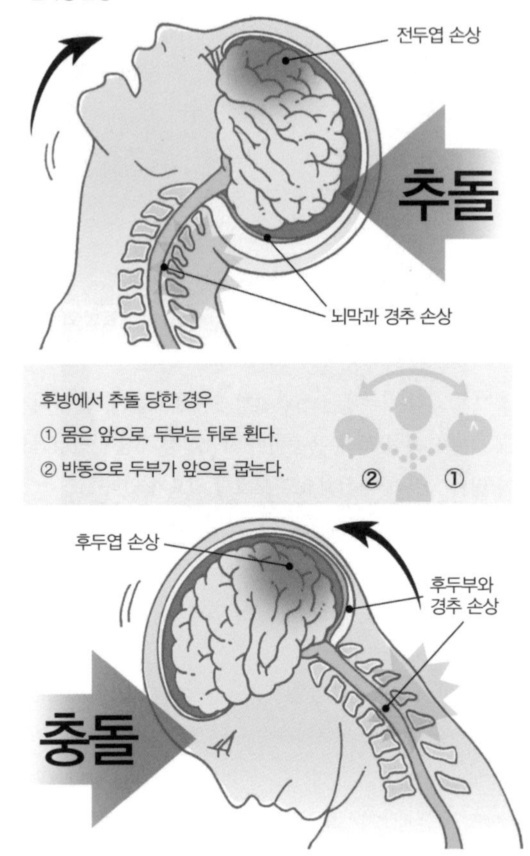

자동차 운전 중 뒤에서 추돌 당하면 경추나 척수가 뒤로 과도하게 늘어날 뿐만 아니라 뇌(특히 전두엽)에 외부 자극이 가해져 뇌 손상이 발생하는 경우가 있다. 반대로 운전 중이던 차가 앞의 물체와 충돌하면 경추나 경수는 물론 후두부의 근육이나 인대, 뇌(특히 후두엽)가 손상을 입는다.

이것을 '편타(whiplash)'에 비유한 것이다(**그림 3-14**). 경추 염좌나 경부 염좌, 경부 좌상, 외상성 경부 증후군 등 다양한 진단명이 붙는다. 경추를 과도하게 늘이거나 굽히거나, 또는 목을 과도하게 돌리는 등의 강한 외부 자극에 의해 경추 추간판이나 추간 관절, 관절포(관절을 감싸 보호하는 이중 막), 주변 인대, 근육, 신경 등의 연부 조직이 손상되어 경부 통증을 일으킨다.

특히 외상에 의해 경부 교감신경절이 현기증이나 이명, 눈 깜박거림, 흐릿한 시야, 안정(眼精) 피로, 두중감, 권태감, 메스꺼움과 같은 자극 상태를 보이는 것을 길랭-바레 증후군이라고 한다. 이 증후군 중 일부 뇌척수액이 새어 나와 발생하는 저수액압 증후군이 있다는 것도 발견되어, 이 검사도 받아야 한다.

치료 초기에는 안정을 취하고 소염진통제를 투여하며, 통증이 심하거나 자율신경 증상이 있을 때는 성상신경절 차단이나 경부경막외 차단을 실시한다.

정신적 쇼크가 심한 경우에는 신경안정제가 필요하며, 또 가해자가 있는 경우에는 그 지원도 해야 한다. 통증이나 자율신경 증상이 만성적으로 지속되는 경우가 많기 때문에 정신적으로 보호할 필요가 있다.

● 경추 척수증(경수증)

경부의 척수 운동이나, 감각을 전달하는 전도로가 장애를 입어 손발에 신경 장애를 일으키는 경추 척수 질환의 총칭이다. 원인이 되는 질환에는 변형성 경추증이나 추간판 헤르니아, 후종인대 골화증, 황색인대 석회화, 척추종양, 척수종양, 화농성 척추염, 경막외 농양, 류머티즘 관절염, 기형 등이 있다. 척수 내의 출혈이나 경색 등의 혈관 장애와, 바이러스나 세균에 의한 전염병, 면역 이상에 의한 척수염도 원인이 된다. 이 밖에 척수 공동증이나 방사선 장애 등도 포함된다.

이 중에서 가장 많은 것이 경부 척주관 협착(p.78 **사진 3-15**)이나 경추 변형, 경추 추간판 헤르니아, 후종인대 골화증 등이다. 압박에 의한 경수증이 원인인 경우에는 압박을 제거하는 다양한 치료를 진행한다. 일상생활에 지장을 초래할 경우에는 전방 제압고정술이나 척주관 확대술 등의 수술요법이 실시된다(척주관 협착증은 통상 MRI나 CT 등으로 계측된 척주관 전후 지름이 12~13mm 이하인 것을 말함).

그림 3-15 : 경부 척주관 협착증의 MRI(정중면)

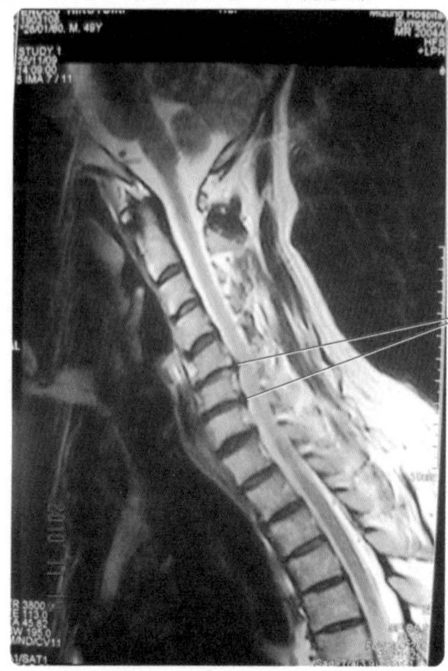
척주관이 협착하여 척수가
잘록하게 들어가 있다

양손에 통증과 저림 증상이 있는 남성(65세) 환자의 사례. 추간판이 얇아져 척주관으로 튀어나왔다. 이 때문에 척주관이 협착을 일으킨다.

추간판 헤르니아나 척주관 협착이 있을 때 아픈 이유에 대해서는 아직 제대로 밝혀진 것이 없다. **그림 3-16**처럼 뼈가 ① 직접 통증 신경을 자극하여 아픈 것인지 ② 굵은 신경을 손상시켜서 얇은 신경인 통증 신경이 과흥분하는 것인지 ③ 신경의 영양을 관장하는 혈관을 압박해서 신경이 허혈 장애를 일으켜 통증이 생긴 것인지 ④ 튀어나온 뼈나 추간판이 주변 조직의 혈류를 방해하여 통증이 생긴 것인지, 명확히 밝혀지지 않았다.

저농도의 국소 마취를 이용하는 신경 차단 요법에서는 ①과 ②의 경우 자극이 되는 통증 신경을 차단하여 통증의 신경 전도를 억제하고, ③의 경우에는 얇은 교감신경의 절후 신경을 차단하여 혈관을 확장해 혈류를 늘려 신경 영양을 좋게 하며, ④ 조직 혈관을 넓혀 혈류를 늘리는 것을 목적으로 한다. 저농도 국소마취를 하기 때문에 운동신경이나 자세를 유지하는 작용

그림 3-16 : 뼈나 추간판이 신경을 압박하면 아픈 이유

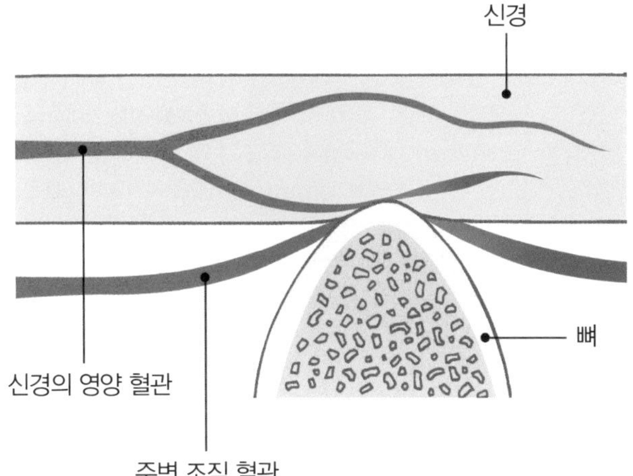

① 뼈가 통증을 전달하는 신경을 직접 자극하여 통증을 일으킨다. ② 신경의 영양을 관장하는 혈관을 폐쇄하여 신경 영양에 장애를 일으켜 아프다. ③ 뼈나 추간판이 주변 혈관을 압박하여 주변 조직의 허혈을 발생시켜 아파진다. ④ ①~③ 전부 관여하는 것으로 추정된다. 그러나 아직 명확히 밝혀지지는 않았다.

을 하는 굵은 지각신경에 영향을 미치지 않도록 주의해야 한다. 이 방법을 선택적 신경 차단이라고 한다. 반복적으로 차단 요법을 실시하면 혈류가 개선되어 자기 회복력을 기대할 수 있다.

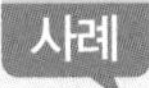

섬유절 통증과 경직성 척추염에 의한 목과 등 통증

34세 · 남성

약 3년 전부터 경부에서 시작된 전신 통증을 느꼈다고 한다. 항염증 진통제나 스테로이드를 투여했지만 진통 효과가 좋지 않아 몇 개월 전부터 매일 '옥시코돈(마약)'을 30밀리그램씩 복용하고 있다. 또 수면 시 통증도 심해서

각종 수면제를 복용하지만 수면 장애가 이어지고 있다. 신경내과에서 소개받아 통증진료과에서 진료받게 되었다. 통증은 경부에서 후두부가 가장 심하였다. 경부경막외 차단으로 며칠 동안은 통증이 완화되었지만, 그 후 다시 통증이 나타났다. 점점 효과 기간이 길어지거나 통증이 완화될 것을 기대하여, 경부경막외 차단을 12회 실시하였다. 향후 환자의 예후를 고려해 경수 제4레벨에서 경막외 통전 테스트를 실시하였다. 그 결과 통증 자기평가가 통전 전인 8.5보다 통전 중에는 2.0으로 호전되었다. 그래서 전극을 경막외강에 심어 스스로 자극할 수 있도록 하였다(사진 3-17). 현재 '옥시코돈' 투여를 중지하고 가벼운 진통제 '뉴로트로핀'을 하루 6정씩 복용하며 경과 관찰 중이다.

사진 3-17 : 등의 근통증으로 전신 통증, 특히 후두부와 경부, 등 통증을 호소하는 환자의 X레이 사진

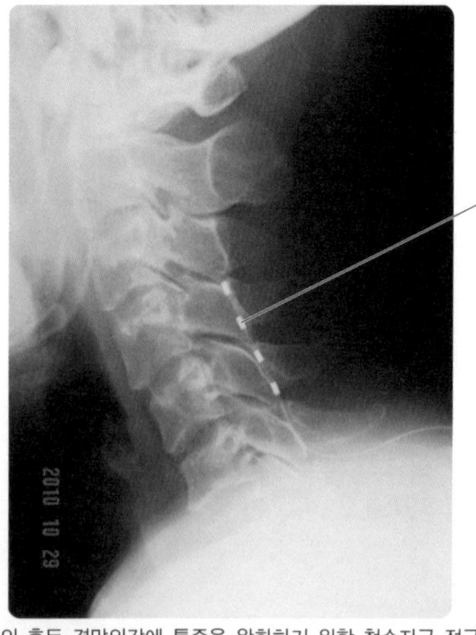

척수의 후두 경막외강에 통증을 완화하기 위한 척수자극 전극이 심어져 있다. 환자는 피하에 심어진 자극장치를 스스로 자극할 수 있다.

어깨는 왜 아플까? - 다양한 어깨 통증

어깨 통증의 종류로는 평소 생활 습관이나 자세로 인한 결림과, 질병으로 인해 나타나는 통증이 있다. 생활 습관이나 자세에서 오는 통증은 문제가 되는 생활 습관이나 자세를 바로잡으면 완화된다.

그런데 질병이 원인인 경우 자기 판단은 금물이며, 전문가와 상담해야 한다.

목 통증을 동반한 질환에는 변형성 경추증, 경부 추간판 헤르니아, 경추 후종인대 골화증(척주인대 골화증) 등 경추 질환에서 기인한 것과 원인이 명확하지 않은 경견완 증후군, 견관절 주위염(사십견 · 오십견), 흉곽출구 증후군, 흉추 염증, 흉추 종양 등 흉추 질환, 늑막염이나 폐질환, 심장이나 혈관 질환, 목 · 코 · 귀 등 이비인후과 질환이 있다. 암의 경추 전이나 견관절 전이, 우울증 등의 원인으로 발생한 통증인 경우도 있다.

이러한 질환에서 오는 통증은 각 전문의에게 치료받아야 한다. 그러기 위해서는 조기에 통증의 원인을 규명하고, 각 전문의가 추천하는 시스템이 갖춰져 있는지 확인해야 한다.

통증진료과에서는 목이나 어깨 통증에 주로 경부경막외 차단(p.51 **그림 3-3**)과 성상신경절 차단(p.82 **그림 3-18**)과 같은 신경 차단을 실시한다. 경수에서 척수를 지나 목 · 어깨 · 팔로 가는 신경을 차단하여 통증을 억제해 혈류를 좋게 하고 근육의 이완을 돕는다.

어깨는 목 근육과 이어져 있어서 대부분 목과 어깨 통증이 동시에 오는 경우가 많은데, 견관절 주위염(이른바 오십견)일 경우에는 어깨 관절에만 통증이 나타난다.

● 견관절 주위염(사십견, 오십견)

견관절(어깨 관절)은 관절 중에서 운동 범위가 가장 넓은 관절이다(**그림**

3-19). 그래서 관절에 가해지는 부담도 큰데, 이 부담을 줄여 주는 것이 주변 조직이다. 견관절 주위염은 어깨 주변에 있는 조직의 변화와 염증으로 어깨에 통증이 나타나는 질환이다.

견관절의 움직임에는 주로 4개의 근육이 작용하는데, 이 근육이 어깨 뼈에 부착된 부분, 즉 건판 염증이나 부분 단열, 건판 위에 있는 견봉하낭이라는 견관절을 부드럽게 움직이는 곳의 염증 · 유착에 의해 어깨에 통증이 나타나거나 운동이 제한된다.

어깨를 움직이면 통증이 나타나는데 특히 등에 팔을 두를 때 통증이 심하다. 건판에 석회가 침착되는 경우에는 어떠한 전조 증상도 없다가 갑자기 어깨에 격통이 발생하기도 한다. 또 넘어져서 어깨를 부딪힌 후나 무거운 것을 들어 올릴 때 갑자기 어깨에 통증이 느껴져 팔을 올릴 수 없게 되었을 때는

그림 3-18 : 성상신경절 차단

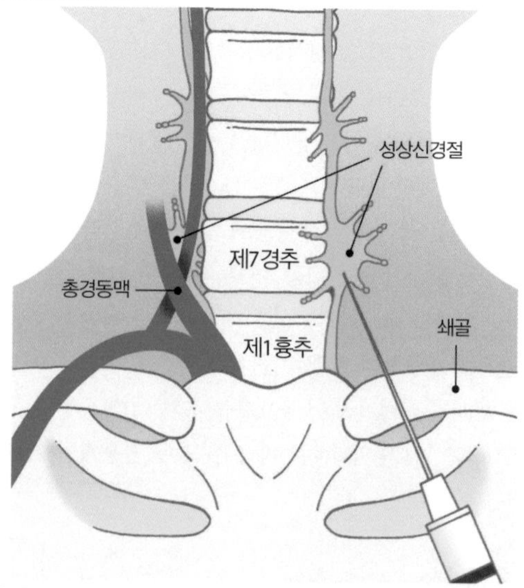

성상신경절은 흉수에서 나온 교감신경세포 덩어리로, 머리나 안면, 목, 양팔, 흉부의 혈관이나 땀샘을 지배한다. 이 신경절을 차단하면 혈관성 두통이나 지배 영역의 혈류가 개선되고 땀 배출이 억제된다.

건판 단열을 의심해 볼 수 있다. 경증인 경우에는 2년 이내에 치료되는데, 이 때는 견관절 아탈구나 류머티즘, 감염 등에 의한 견관절염으로 보아야 한다.

치료를 위해서는, 견관절 주위염인 경우 견관절을 격렬하게 움직이면 안 되고, 통증이 심할 때는 삼각건 등으로 고정해야 한다. 급성기에는 통증을 없애는 약(소염진통제)을 투여하거나 관절에 스테로이드제(부신피질 호르몬제) 또는 히알루론산 등을 주입한다. 만성기에는 핫팩과 같은 온열 요법이나 견관절 운동요법에 견갑상신경 차단을 적절히 조합하여 실시한다.

가벼운 어깨 운동을 하는 것도 중요하다. 그 전에 신경 차단 주사를 놓으면 관절 주위의 혈류가 증가하고 통증을 전달하는 신경 활동을 억제하여 운동요법을 하기 좋다. 중증인 경우에는 관절포에 마취제를 주입하여 힘을 이용해 견관절의 움직임을 조금씩 넓히는 치료법도 있으며(펌핑 요법), 경우에 따라서는 관절경을 이용하여 인대를 절제하기도 한다. 최근에는 뼈에 직접 바늘을 꽂아 감압하는 치료법도 실시되고 있다.

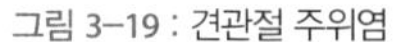
그림 3-19 : 견관절 주위염

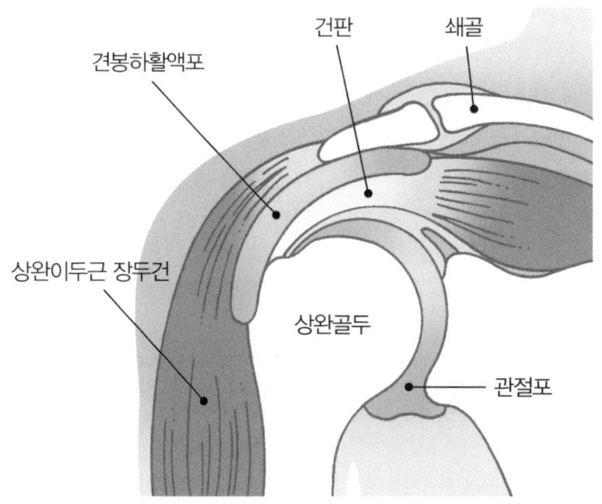

견봉하활액포나 상완이두근 장두건, 관절포, 건판 등을 과도하게 사용하거나, 노화에 의해 염증을 일으킨 것이 원인으로 보인다.

팔이나 손은 왜 아플까? - 다양한 팔과 손의 통증

팔이나 손 통증은 인류의 특권인 손의 사용과 관련이 깊다. 즉 손을 지나치게 많이 사용하면서 생긴 질환에서 오는 통증이다. 직업이나 스포츠 등과 관련된 경우가 많으며, 교통 기관의 발달로 외상이 원인이 되는 경우도 있다. 또 전신성 질환이 표출되면서 손에 통증이 나타나기도 한다. 예를 들면 자가면역 질환인 류머티즘이나 당뇨병, 통풍과 같은 대사 질환과, 심근경색, 동맥류, 동맥경화, 동맥염, 버거씨병, 뇌경색과 같은 순환 장애에 의해 통증이 나타나는 경우도 있다.

또 잊어서는 안 되는 것이 팔이나 손 신경의 대부분은 경추에서 온다는 것이다. 경수 다섯 번째에서 흉수 첫 번째에 걸쳐 척수에서 나오는 척수신경이 완신경총이라는 그물망과 같은 구조로 팔과 손으로 뻗어 나간다.

팔과 손의 통증은 각각의 증상에 맞는 약물요법으로 치료하는데, 이 약물요법이 충분하지 않을 때는 수술을 해야 한다. 이때 중간 단계가 통증진료과에서 하는 치료법이다. 일반적으로는 신경 차단을 사용하며, 방법이나 의의에 대해서는 이후에 설명하겠지만, 경부 통증에 실시하는 주요 신경 차단 요법으로는 경부경막외 차단(p.51 **그림 3–3**)과 성상신경절 차단(p.82 **그림 3–18**)이 있다.

● 류머티즘 관절염

손목은 류머티즘 관절염 병변이 자주 발생하는 부위이지만, 병변은 어느 관절에서나 나타난다. 염증성이라서 붓기를 동반하며, 아침에 굳는 것이 이 통증의 특징이다. 류머티즘의 경우 활막에 염증이 생겨서 손을 움직이면 관절이 붓거나 아프다.

지속된 염증으로 관절액이 과잉 축적되면 활막 세포가 증식하여 새로 생긴 혈관을 동반한 덩어리(파누스라고 하는 육아조직)가 형성된다. 그 일부는 연골을 파고들어 가듯이 덩어리를 만들어 연골을 침식하고, 연골에 이어 뼈도 서서히 파괴한다.

이 증상은 자가면역 질환으로 보인다. 원래 면역 기구는 외부에서 들어오는 침입자를 향해 공격하는데, 어떠한 원인에 의해 자신의 신체를 적으로 간주하여 공격하는 것이다. 지금은 통증을 완화하여 관절의 변형을 방지하고 관절의 기능을 유지하는 것을 목표로 치료한다. 부기나 통증이 지속되어 일상생활에 지장이 있을 경우에는 활막을 절제하기도 한다. 손목뼈 일부를 절제하거나 관절을 형성하는 수술, 힘줄 이식, 힘줄 이행술 등이 실시된다.

수술을 받으면 일상생활 동작이 개선되고, 변형이 심한 경우에는 뼈를 절제하여 실리콘 인공 관절을 넣는 방법을 실시한다. 최근 임상 결과를 보면 가능한 운동하는 것이 예후가 좋다고 한다(**그림 3-20**).

그림 3-20 : 손의 류머티즘 관절염

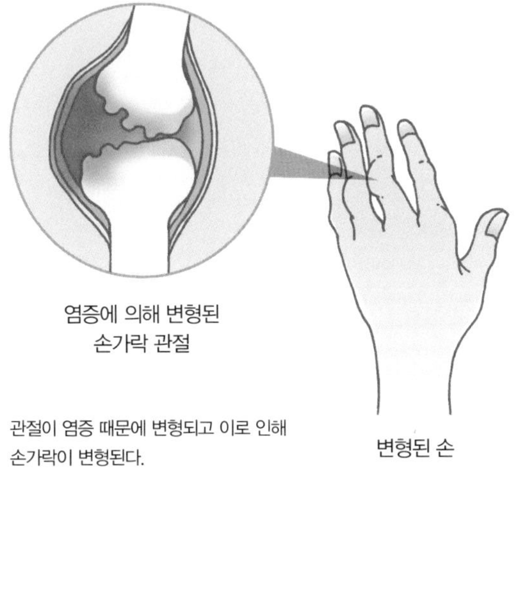

염증에 의해 변형된
손가락 관절

관절이 염증 때문에 변형되고 이로 인해
손가락이 변형된다.

변형된 손

● 헤버든 결절

40세 이상의 여성에게 많이 나타나며, 손가락 제1 관절이 단단해지고 붓는 병이다(그림 3-21). 무릎의 변형성 관절증과 비슷한 관절 변형증으로 알려져 있지만 아직 정확히 밝혀지지는 않았다. 이에 대해 류머티즘 관절염은 손가락의 뿌리 관절과 제2 관절이 붓는 것이 특징이다. 주로 손을 많이 사용하는 사람에게 나타난다. 손을 안정시키고 테이핑으로 관절을 보호하며 통증이 있을 때는 진통제를 복용하면 되는데, 나이가 들면 안정된다. 통증이 심할 때는 관절 내 주사나 수술도 고려해야 한다.

그림 3-21 : 헤버든 결절

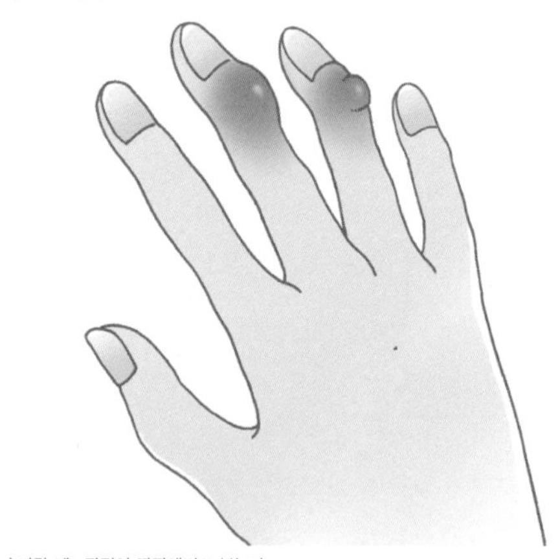

손가락 제1 관절이 딱딱해지고 붓는다.

● 건초염

힘줄 주위를 덮는 건초 염증이다. 힘줄에 통증과 부기가 있으며, 환부를 움직이면 통증이 나타난다. 힘줄 자체의 염증인 건염이 합병증으로 나타나는 경우가 많다. 아직 원인은 명확히 밝혀지지 않았지만, 손가락이나 손목 등 특정 관절을 계속 사용하는 사람에게 많이 발생한다. 또 관절염이나 외상 등에 의해 나타나기도 한다.

환부를 안정시키고 항염증제 복용과 환부 도포로 치료하는데, 이 방법이 효과가 없을 때는 스테로이드의 국소 주사나 건초를 넓히는 수술을 해야 할 수도 있다.

● 수근관 증후군(손목터널증후군)

중년 이후의 여성에게 많이 나타나며 손목의 정중신경이 압박되어 손가락에 지각 장애, 저림, 통증이 발생한다. 손목의 안정을 취하기 위해 '깁스시네'라고 하는 고정 기구를 이용하거나 정중신경이 있는 곳에 항염증제(스테로이드)를 놓기도 한다. 개선되지 않을 때는 수근관 개방술이라는 수술을 한다.

● 드퀘르벵(de Quervain)병

중년 여성에게 많이 나타난다. 손목 통증과 부기가 주요 증상으로, 물건을 잡거나 쥐면 통증이 더 심해진다. 엄지손가락 연결 부위(요골경상돌기)의, 엄지손가락을 움직이는 근육인 단무지신근과 장무지외전근의 건초에 염증을 일으키는 질환이다. 엄지손가락의 배굴(손등 방향으로 움직임)이나 외전(밖으로 뻗는 동작)으로 강한 통증이 나타난다. 우선 안정을 취하고, 그래도 통증이 사라지지 않을 때는 국소마취제와 스테로이드제를 주입한다. 그런데도 통증이 사라지지 않으면 외과적으로 건초를 절개한다.

● 킨뵈크병(월상골 연화증)

망치 등을 사용하는 직업에 종사하는 남성에게 많이 나타나며, 손 관절 통증이 첫 증상으로 발병한다. 손목의 월상골이 괴사(뼈조직이 죽는 것)하는 질환으로, 그 원인은 밝혀지지 않았으며 주로 수술로 치료한다. 시기를 놓쳐 월상골이 압박되어 붕괴해 수근골의 위치가 틀어지기 전에 치료하는 것이 중요하다.

● 갱글리언

손목의 손등 쪽이 부풀어 올라 관절 근처에 탄성이 있는 둥근 혹이 생긴다. 여성에게 많이 나타나며 원인은 밝혀지지 않았다. 혹 안에는 젤리 상태의 점액이 쌓이는데, 통증이 심한 경우에는 적출한다.

● 외상에 의한 다양한 골절

외상으로 다양한 부위에서 손뼈의 골절이나 탈구가 발생하는데, 다음과 같은 특징적인 골절이 있다. 모든 경우 뼈를 접골하거나 국소 부위를 안정시키고 고정해야 한다.

- 콜레스(Colles) 골절 : 노년의 여성이 손을 짚고 넘어져 손 관절통을 호소하면 의심해 볼 수 있다. 노뼈(아래팔 뼈 중 바깥쪽 뼈) 말단 골절 중 배굴(손등 방향의 운동) 변형을 총칭하는 말이다. 안정과 고정이 주요 치료법이다.
- 스미스(Smith) 골절 : 손 관절이 뒤쪽으로 굽은 상태(배굴위)에서 손을 짚으면 노뼈의 원위부(몸 중심부와 먼 쪽) 골절을 일으킨다. 안정을 취하고 고정하면 되지만 수술해야 하는 경우도 있다.
- 바톤(Barton) 골절 : 노뼈 측의 수근(손목) 관절면에 큰 골편(뼛조각)을 동반한 손 관절 손바닥 측의 탈구골절이 나타나는 것으로, 관절면이 어긋나기 때문에 대부분 정확한 접골 고정을 위한 플레이트 고정 등의 수술이 필요하다.
- 쇼퍼(Chauffeur) 골절(요골경상돌기 골절) : 셀 모터(시동 모터)가 없었던 시절 운전사(쇼퍼)가 자동차 엔진을 시동 거는데 크랭크(피스톤의 왕복 운동을 회전 운동으로 또는 그 반대로 바꾸는 장치 – 옮긴이)를 돌리면 강한 반동으로 이 골절이 자주 발생해서 이런 이름이 붙었다.
- 주상골(손목에 있는 작은 뼈) 골절 : 수근골(손목뼈) 골절 중에서는 가장 높은 빈도로 나타나는데, 종종 간과해서 방치하는 경우가 있다. 치료가 늦어지면 원래 움직이지 않는 위관절이 이상하게 움직이는 상태가 된다. 이 경우에는 골이식(뼈이식)이나 고정술이 필요하다.

- 유구골구 골절 : 손을 짚고 넘어졌을 때 횡수근 인대가 긴장하여 유구골(손목뼈 중 새끼손가락 쪽에 있는 뼈)의 구(갈고리 형태)라고 하는 돌기가 골절되는 경우가 있다. 부목이나 깁스로 4~6주 정도 고정해야 한다.
- 월상골주위탈구 : 월상골(손목뼈 중 삼각골과 주상골 사이에 있는 작은 뼈)과 노뼈의 위치는 정상인데, 월상골과 이외 수근골이 외부 자극에 의해 위치가 이상해진다.
- 월상골 탈구 : 손바닥을 짚고 넘어졌을 때 발생한다. 월상골이 유두골(손목뼈 중 새끼손가락에서 두 번째에 있는 뼈)과 노뼈 사이에 끼어 손바닥 쪽으로 튕겨나온다. 신속히 접골 고정한다.
- 수근 불안정증 : 손 관절에 통증이 있어 손을 움직이는 것이 힘들어지면서 악력이 저하된다. 손 관절을 움직일 때 소리가 나기도 한다. 조기에 안정을 취하고 고정시킨다. 이 중에는 주상월상 골간 해리라는 증상도 포함되는데, 외상에 의해 주상골과 월상골 사이의 인대가 주상골의 인대 부착 부분에서 단열 되어 발생한다. X레이로 알 수 있으며, 어딘가에 닿을 때 통증이 심하다. 조기에 접골하여 고정시킨다. 또 월상 삼각 골간 해리는 합병증으로 류머티즘 관절염이 발생하는 경우가 많으며, 손 관절에 통증이 나타나거나 움직일 수 있는 범위가 줄어들 수 있다. 압통점은 월상골과 삼각골이 있는 척측(팔 아래 뼈 중 안쪽에 있는 뼈, 척골 또는 자뼈) 부분에 있다. 또 노뼈 말단이 골절된 후 변형을 치료한 후에도 수근 중앙관절 불안정증이 나타나는 경우가 있다.
- 삼각 섬유 연골 복합체(TFCC) 손상 : 손 관절 염좌 중 하나로, 손 관절의 새끼손가락 쪽 통증이 주요 증상이다. 척골두(척골 끝부분의 작은 돌출부)와 척측 수근골 사이에 있는 삼각 섬유 연골, 메니스커스 유사체, 척측 측부인대 등의 복합체가 손상된다(p.90 **그림 3-22**). 원인으로는 외상에 의해 발생하는 경우와 노화 현상에 의해 발생하는 경우가 있다. 특히 전완(앞팔)의 손바닥이 바닥을 향하거나(회내), 손바닥이 천정을 향하는(회외) 등의 동작을 하면 통증을 호소하고, 움직일 때 통증은 더 심해진다. 척골두 스트레스 테스트(전완을 회내, 회외로 움직이며 손 관절을 새끼손

그림 3-22 : 삼각 섬유 연골 복합체(TFCC)

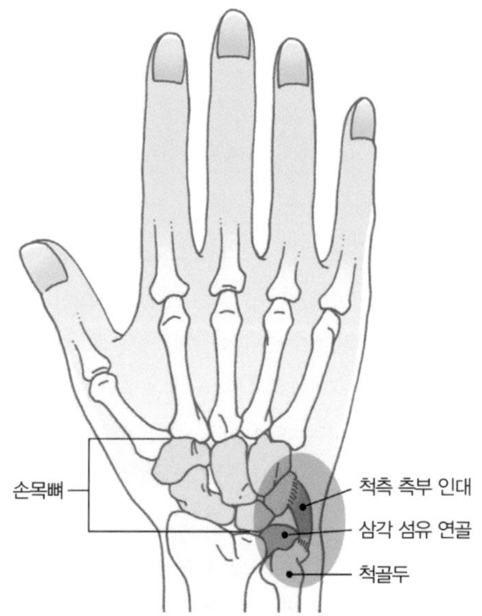

삼각 섬유 연골 복합체가 손상되면 손관절의 새끼손가락 쪽이 특히 아프다.

가락 쪽으로 휘게 하여 통증의 유무를 조사하는 검사)를 실시하면 심한 통증이 나타난다. 치료는 보존적 치료(수술하지 않는 방법)가 원칙이다.

증상이 나타나면 곧바로 안정을 위해 깁스 요법이나 고정장비 요법(손관절 고정장비), 온열 요법 등으로 경과를 관찰한다. 난치병인 경우 관절에 국소마취제나 스테로이드를 주사한다. 이러한 보존적 치료가 효과가 없을 때나 장기간에 걸쳐 방치되었을 때는 수술 치료를 검토한다. 외상인 경우 관절경 수술로 손상 부위를 봉합하거나 절제하는 방법, 척골을 짧게 하여 삼각 섬유 연골 복합체 부위의 압력을 줄이는 방법 등을 검토한다.

● 버거씨병

혈관 염증(혈관염)에 의해 주로 손이나 팔, 발, 하지의 동맥이 막혀 혈액

순환이 나빠지는(혈행장애) 병으로, 30~40대 아시아계 남성에게 많이 나타나며, 담배가 매우 밀접한 관련이 있다. 이중 여성은 5%에 해당한다. 흡연력이 없는 사람에게도 발병하지만 대부분은 간접흡연(흡연자가 내뱉는 연기에 노출)이 원인으로 보인다.

금연하면 증상은 빠르게 회복된다. 따라서 버거씨병의 경우 치료를 시작하기 전에 먼저 금연하는 것이 필수 조건이다. 혈관이 막혀 허혈 증상이 발생해 혈관 이식 수술이 필요한 경우도 있다. 흡연이 지속되면 모든 치료의 효과가 없어지기 때문에 금연할 수 없는 사람은 치료 대상이 될 수 없다. 이 경우 결국 손이나 발, 손가락을 절단해야 한다. 또 드물게 뇌동맥 폐색이나 심근경색으로 사망하기도 한다. 일본에서는 후생노동성에서 난치병으로 지정하였으며, 버거씨병으로 진단받고 이를 인정받으면 국가에서 치료비를 부담한다.

버거씨병만큼 흡연의 직접적인 영향을 강하게 받는 병은 없다. 증상 악화에 큰 영향을 주기 때문에 치료 시작 전에는 반드시 흡연 여부를 확인한다. 정맥혈을 찾아 혈중 일산화탄소 헤모글로빈 농도를 측정하는데, 1% 이상이면 흡연 중이고, 흡연이 확인되면 치료를 중단한다. 담배 한 개비는 약 20분간 혈관을 수축시킨다. 또 흡연에 의해 혈전증이 확산되어 혈행 장애가 더욱 악화된다. 통증을 잊기 위해 담배를 피운다는 환자도 있었지만, 이는 오히려 역효과를 낳아 통증이 더욱 심해진다.

한편 금연이 가능하면 치료는 효과적이다. 손발의 궤양은 통증이 심해서 잠들지 못할 정도이지만, 금연을 잘 지켜 혈관 확장제를 투여해 손발을 움직이지 못하게 하면 1~4주 후에는 통증이 사라지고 궤양도 자연스럽게 좋아진다. 수개월의 시간이 필요하며, 궤양이 완치된 후 다시 흡연하면 궤양이 재발한다. 금연과 흡연을 반복하는 사람은 궤양의 치료와 재발을 반복하다가 손가락을 한 개씩 잃게 된다(p.92 **그림 3-23**).

이와 마찬가지로 손가락도 짧아지게 된다. 금연을 지키는 한 혈행 장애가 다시 악화되지는 않지만, 폐색된 동맥이 다시 열릴 수는 없다. 손의 동맥 폐색의 경우 냉감이 남고 발에는 간헐성 파행(걸으면 발의 통증이 심해지

그림 3-23 : 버거씨병의 혈관조영술 사진(좌)과 같은 질환의 손 외관도(우)

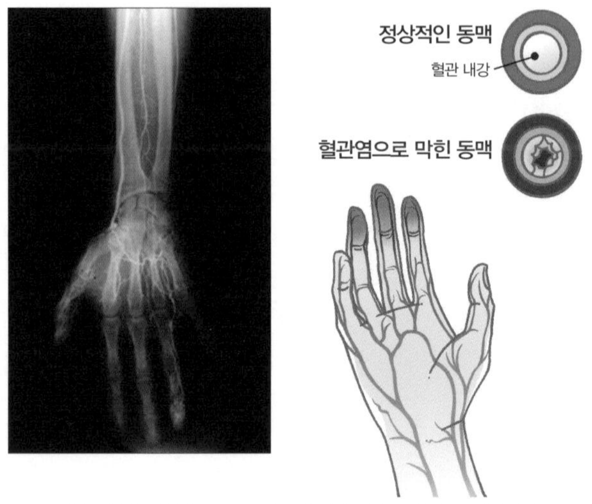

혈관이 막혀서 혈관 조영술(흰색 줄기와 같은 영상)에 손가락 혈관이 나타나지 않는다. 혈관염으로 막힌 동맥에 의해 손끝이 까맣게 된다(괴사).

고, 잠시 쉬면 통증이 사라지는 상태) 증상이 남는다.

빨리 걷거나 계단을 오르면 더욱 힘들어져서 한창 일할 연령층의 남성에게는 일상생활이나 업무에 큰 장애가 된다. 중증인 경우에는 지속적 경막외 차단이나 성상신경절 차단, 혈관확장제가 효과를 보이기도 한다. 약물요법이나 신경 차단 요법이 효과가 있을 때는 바이패스 수술(막혀 있는 곳보다 상류의 혈관에 다른 혈관을 이식하여 혈액 흐름을 하류 쪽으로 우회시키는 수술)이 유효한 경우도 있다.

● 흉곽출구 증후군

팔이나 손으로 가는 신경(완신경총)이 흉곽 출구의 뼈나 이물에 방해받아 발병한다. 증상으로는 어깨 결림이나 경부 통증, 후두부 통증, 양팔 저림 등의 감각 이상이나 무력감이 있고, 드물게 레이노 현상(추위 등의 자극에 혈관이 수축하여 손발의 허혈을 초래해 손발이 하얗게 보이고, 통증이나 냉감을 호소하는 현상)이 나타나기도 한다. 한창 일할 나이에 많이 나타나며 심신증적인 요인도 의심된다.

증상에 따라 진통소염제나 근이완제, 마이너 트랭퀼라이저(신경증에 쓰는 정신안정제 - 옮긴이)를 투여하거나, 성상신경절 차단으로 치료한다. 레이노 현상 등 자율신경 증상이 심한 경우에는 제2 흉부 교감신경절을 절제하면 장기적인 효과를 얻을 수 있다.

협심증이나 심근경색도 손 통증이 나타나는 경우가 있기 때문에 이 질환들과 제대로 구분해야 한다. 이 질환은 대부분 전흉부 중앙이나 가슴 전체, 때에 따라서는 목이나 등, 좌완, 상복부에서 통증이 나타난다. 식은땀이나 메스꺼움, 구토, 호흡곤란 등의 자율신경 증상을 동반하기도 한다. 급성 심근경색증에서는 보통 30분 이상 전흉부에 강한 통증이나 조임감, 압박감이 이어지며, 통증 때문에 공포감이나 불안감이 동반된다. 좌완 통증이 있을 때는 이 질환을 의심할 수 있다.

● 완신경총 이탈손상

완신경총이란, 제5 경수 신경근에서부터 제1 흉수를 말하며, 그 전 · 후근의 전부 또는 일부가 척수에서 이탈하여 양팔의 운동마비나 감각 마비, 자율신경 장애 등이 발생하면 감각이 마비된 부분에 강렬한 통증이 나타난다. 신경이 없는데 통증이 나타나는 구조는, 신경 이탈로 인해 척수에서 뇌로 통증을 전달하는 2차 뉴런(p.18 **그림 1-7**, p.20 **그림 1-9**)에 대한 입력이 차단되어 2차 뉴런이 흥분해 뇌로 과잉 정보를 보내기 때문이라고 한다.

신경근이 경수에서 완전히 이탈하면 마비가 회복되는 것을 기대할 수 없다. 항우울제나 항간질약, 신경전달물질 NMDA 수용체 길항제 등으로 통증 치료를 하지만, 결정적인 치료 방법은 아니다. 신경차단 효과도 일정하지 않다.

신경 차단 치료는 ① 성상신경절 차단 개시 초반에는 주당 3~4회 빈도로 약 1개월 실시하며, 이후에는 유지 요법으로 주당 1회 정도 실시한다. ② 완신경총이 이탈 손상된 직후에는 경부 · 상흉부 경막외 차단을 실시하며 충분한 통증 제거를 모색한다. 중증인 경우에는 입원하는 것이 좋으며, 지속적으로 1~2개월 정도 계속 진행한다. ③ 성상신경절 차단 또는 경부 · 상흉부 경막외 차단 효과가 일시적인 경우에는 신경파괴제 또는 고주파 열 응고술을 이용한 흉부 교감신경절 차단을 고려한다.

수술 요법으로는 ① 흉강경하 교감신경 차단술이라고 하여, 흉부의 교감신경절을 내시경으로 열 응고시킨다. ② 척수 후근 진입부 파괴술은 이 증상의 통증에는 효과적이지만, 장기 예후에 관해서는 아직 충분히 검증되지 않았다. 장기적으로 척수 경막외 전기자극, 대뇌피질령이나 뇌 심부에 대한 자극 장치 이식술로 치료하는 방법도 있다.

사례

환상통 : 통증은 기억된다

41세 · 남성, 변호사(말레이시아 체류)

환상통으로 업무를 할 수 없다고 호소하여 타 대학 의학부 교수에게 소개받아 통증진료과로 찾아왔다.

7년 정도 전에 오토바이 운전 중 사고를 당해 우완신경총(오른쪽 팔 신경얼기)이 이탈 손상된 이후 오른쪽 위팔이 완전마비 되었는데도 불구하고 환지각(신경이 전혀 없는데 손을 꽉 쥐고 있음)과 환상통(손바닥 통증)이 지속되었다. 말레이시아 모 병원에서 팔을 절단했지만 전혀 통증이 사라지지 않아 어쩔 수 없이 '데메롤'(마약)을 하루에 400밀리그램씩 복용하였는데, 별로 효과가 없어 척수 전기자극 요법을 시도하기 위해 일본으로 왔다.

외래로 진료하였는데 표정이 고통스러워 보였다. 늘 타는 듯한 통증이 있고 파도처럼 밀려드는 참을 수 없는 통증(a persistent burning pain and wave-like agonizing pain)이 있다고 하였다. 즉시 경막외 척수 전기자극요법을 실시하였다. 이 자극으로 파도 같이 밀려드는 통증은 사라졌지만, 타는 듯한 통증은 여전했다. 환자는 납득하고 귀국 준비를 하였다.

우연히 그즈음 미국의 Nahold 그룹이 환상통에 대한 척수 교양질 파괴술을 발표했는데, 결과가 좋은 것 같았다. 환자에게 그 논문을 보여주고 시도해 볼지에 대한 여부를 물어보니 모처럼 일본에 왔으니 시도해 보겠다고 하였다.

당시 정위뇌수술(뇌의 입체지도를 참고로 뇌의 깊은 곳에 침전극을 넣어 굽거나 자극하는 수술)의 1인자인 이시지마 선생과 함께 수술을 진행하였다. 처음 통증을 기억하는 척수 부위가, 게이트 컨트롤설의 근거가 되는 척수 후각 교양질이라는 부위이다. 이 부위를 현미경으로 보면서 열 응고하였다. 수술 후 환자의 통증은 완전히 사라졌고, 그때까지 꽉 쥐고 있었던 손을 펼 수 있게 되었다(사진 3-24).

이 사례에서 '통증은 기억된다'는 가설을 임상적으로 확인할 수 있었다. 즉 오토바이 사고 당시 손이 핸들을 꽉 쥐고 있던 것이 환지각으로, 그때의 통증이 환상통으로 기억되었던 것이다. 척수의 교양질이라는 부위에는 신경세포가 밀집되어 있다. 척수핵이라고도 할 수 있다. 이 사례는 뇌에 들어가기 전, 여기에서 기억 기능이 완수된다는 것을 시사한다. 손상을 입은 쪽 팔에 저림 증상이 조금 남아 있었지만, 이후 환자는 건강하게 변호사 일에 집중할 수 있게 되었다고 한다.

사진 3-24 : 뇌신경 이탈 손상에 의한 환지통

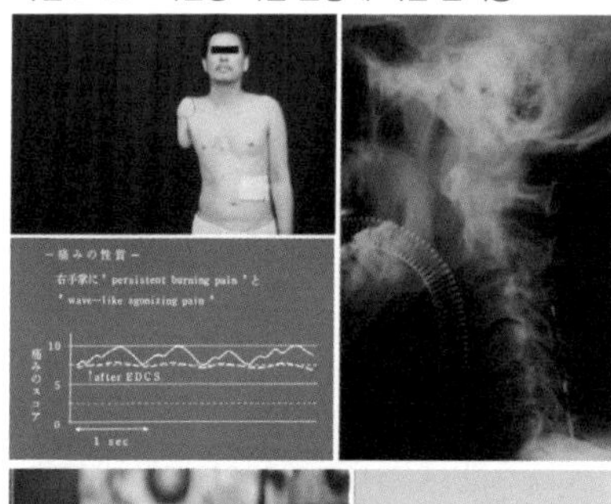

41세 · 남성. 오토바이 운전 중 사고를 당해 우완신경총(손을 지배하는 신경 다발)에 이탈 손상을 입어 오른쪽 위팔이 완전 마비되었는데, 참기 힘든 손바닥 통증으로 괴로워하였다. 병원에서 팔을 절단했지만(왼쪽 위 사진) 통증에는 변함이 없었다. 환자가 표현한 통증의 정도와 성질(왼쪽 가운데). 경막외 자극용 전극을 삽입한 X레이 사진(오른쪽 위). 경수 후면 사진(왼쪽 아래)에서 이탈 손상을 확인. 후각 교양질 응고술(후근 진입부 파괴술)을 실시한 수술 기록(오른쪽 아래, 점으로 나타낸 부분을 전기 응고하였음)

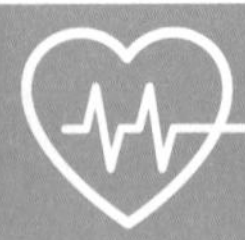

등이나 가슴은 왜 아플까? - 다양한 등과 흉부 통증

등이나 흉부는 골격적으로는 흉부 내장을 지탱하고 보호하는 역할을 한다. 이 부위의 골격이나 근육 피부의 통증은 대부분 대상포진이나 대상포진 후 신경통, 늑간 신경통, 흉추 압박 골절, 흉부의 척주관 협착 등에 의한 것이다. 또 관련통으로 흉부의 내장인 심장이나 대동맥, 폐, 식도의 병변이 있다.

관련통이란, 내장 통증이 근육이나 피부의 통증으로 느껴지는 것을 말한다. 때에 따라서는 상복부 내장인 위나 십이지장, 췌장, 신장, 간과 같은 장기 질환을 등이나 가슴 통증으로 느낄 때도 있다.

또 정신적인 피로나 과로, 특수한 약물중독, 특정 허브류의 과다 섭취, 불규칙적인 생활 습관 등에 의해서 나타나기도 한다. 따라서 등과 흉부에 통증이 있더라도 각 전문가가 연계하여 진료해야 한다.

● 가슴 통증과 그 특징

'가슴 통증'이라는 말은 문학적인 표현으로 자주 사용된다. '마음이 아프다'는 표현도 자주 사용된다. 충격적인 일이 있을 때 사람은 정말 가슴이 아플까?

실은 생리학적으로 가능한 일이다. 충격적인 일이 있으면 교감신경 활동이 급격히 활발해지는데, 이로 인해 전신의 혈관이 수축되고 혈압이 상승한다. 심장은 혈압 상승에 저항하여 수축하기 때문에 심장의 업무량이 급격히 증가한다.

건강한 심장은 문제가 없지만 심장의 영양 혈관(관동맥)에 문제가 있거나 심장 근육에 병적인 변화가 있으면 심근이 허혈 상태가 되어 허혈성 통증이 발생한다. 이 통증의 경우에는 가슴의 중앙 또는 좌흉(왼쪽 가슴), 좌견(왼쪽 어깨), 좌완(왼쪽 팔), 등 등이 관련통을 느낀다. 정상적인 사람도 자율신경이 불안정한 경우나 충격이 강하면 역시 관련통을 느낀다. 또 불안신경증 환자는 그 충격 정도가 더욱 증폭된다(**그림 3-25**).

그림 3-25 : 정신적 쇼크에 의한 가슴 통증 구조

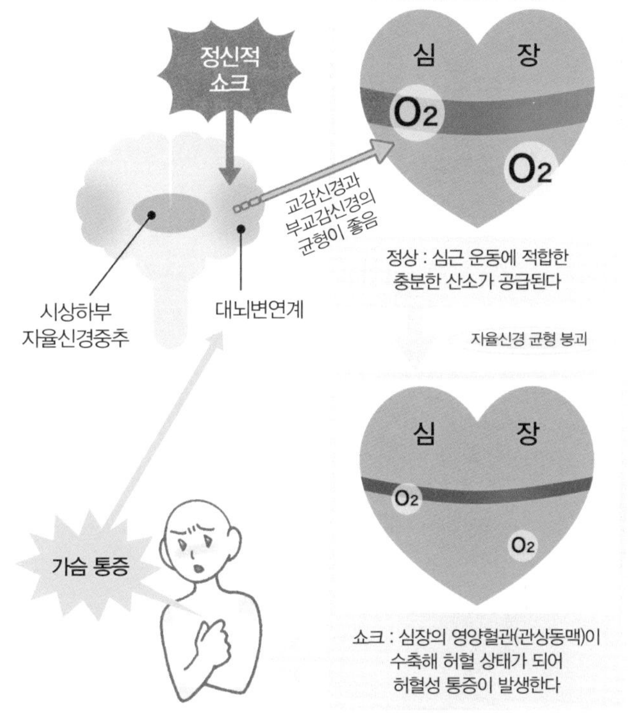

정신적 쇼크로 자율신경 활동에 문제가 생기면 심장의 영양 혈관이 수축하여 심근에 충분한 산소가 공급되지 않고, 이로 인한 허혈성 통증이 전흉부나 왼쪽 어깨, 팔 통증으로 나타난다.

만성 교감신경 긴장이 지속되면 뇌 시상하부의 호르몬 분비에도 문제가 발생한다. 그 결과 생체의 항상성(호메오스타시스)에 혼란이 발생한다. 시상하부 흥분은 대뇌변연계의 기능 이상을 일으켜 정서가 불안정해지고, 이

들의 상승효과로 가슴 통증이 지속된다(p.39 **그림 2-5**). 이때 가슴 통증의 유형은 찌릿찌릿한 통증에서부터 가슴 전체의 답답하고 무거운 통증까지 다양하다.

또 우울증이나 패닉 장애, 강박장애, 외상 후 스트레스장애(PTSD) 중 한 가지 증상이 나타나기도 한다. 이러한 경우에는 교감신경 차단이나 약물요법과 함께 인지행동 요법을 실시한다. 잘못된 생각을 바로잡아 주거나 긍정적인 사고로 유도하는 등 심리적인 상담이 필요하다.[33]

여성의 경우 갱년기 장애나 월경불순 중 한 가지 증상이 나타나기도 한다. 갱년기 여성에게서 많이 볼 수 있는 것 중 '다코쓰보 증후군'이라는 질환이 있다. 가슴 통증이나 답답함, 혈압 저하 등의 증상으로 응급실을 찾는 환자에게서 볼 수 있는 증상이다. 일본에서 처음 보고되어 이렇게 부르게 되었으며, 전 세계적으로 관심을 받고 있다. 초음파 검사에서 심장이 다코쓰보(문어잡이 항아리처럼 목은 좁고 바닥은 넓은 형태로 심장이 부풀어 오름, 다코(일본어로 문어)·쓰보(일본어로 항아리) – 옮긴이)와 같은 움직임을 보여서 이러한 이름이 붙었다.

여성은 슬플 때나 충격적인 일이 생기면 가슴을 누른다. 그러나 남성은 대체로 그러한 행동을 하지 않는다. 서유럽에서는 남성의 경우 충성심을 나타내거나 사과할 때 주먹을 가슴에 대는 동작을 한다. 일본에서도 실수나 실패를 반성할 수 있도록 권할 때 '가슴에 손을 댄다'는 표현을 사용하는데, 실제로 가슴에 손을 대는 것은 아니다.

©Kenneth Man–Fotolia.com

여성이 가슴에 손을 대는 동작은 가슴에 통증이 있거나 외부로부터 급격한 스트레스를 받았을 때 자기 자

33 Spinhoven P, Van der Does AJ, Van Dijk E, Van Rood YR. : Heart-focused anxiety as a mediating variable in the treatment of noncardiac chest pain by cognitive-behavioral therapy and paroxetine. J Psychosom Res. 2010;69:227-35.

신을 보호하려는 본능적인 동작으로 보인다. 신경생리학적으로도 그 동작은 당연한 반응이다. 교감신경이 흥분하면 흉벽의 교감신경 반사를 재촉하는데, 늑골의 골막은 많은 부교감신경이 지배한다.

심근허혈(심근경색) 이외의 신체적인 가슴 통증이라고 하더라도 그 종류는 다양하다. 신체를 움직이지 않는데 찌릿찌릿한 통증이 있을 때는 대부분이 늑간 신경통이 원인이다. 늑간 신경통의 원인 또한 다양하다. 대상포진이나 대상포진 후 신경통이 원인인 경우가 많은데, 늑간 신경염이나 흉골종양, 늑막염(가슴막염) 등도 있다. 또 다양한 신경질환도 생각해 볼 필요가 있다. 그리고 순환계나 호흡계 질환(별기)도 염두에 두어야 한다. 소화기계 질환의 경우는 통증이 식도 경련과 같은 심근허혈과 착각할 정도이다.

머리나 등을 누르거나, 신체를 움직이거나 비틀었을 때 통증이 있다면 그 이유로 잠잘 때 생긴 통증이나 흉추(등뼈) 변형증, 흉추 추간판 헤르니아, 흉추 척주관 협착증, 흉추 추간 관절염, 늑막염, 늑골 골절, 흉쇄 관절염(흉골과 쇄골에 의한 관절 염증으로, 가슴 위쪽), 흉늑 관절염(가슴의 중앙부), 흉부 근염, 과도한 운동, 과로 등을 생각할 수 있다.

또 여성의 경우 유방을 눌렀을 때 아픈 이유는 유선염이나 유선의 부기, 속옷에 의한 답답함, 월경불순, 섬유근육통 때문이다. 유방암이 거의 진행되지 않았다면 눌러도 아프지 않다.

코카인(마약) 사용자가 가슴의 급격한 통증을 호소하여 응급실에 실려오는 경우가 있다. 약리학적 원인은 확실히 밝혀지지 않았지만, 심장의 영양 혈관이 수축하여 심장의 혈관 허혈을 유발하는 것으로 추측된다. 또 실제로 코카인이 원인인 심근경색도 많이 보고되고 있다.[34, 35]

이처럼 가슴 통증의 원인은 다양해서 그 원인에 대해서는 전문가에게 진단과 검사를 받아야 한다.

흉추 이상으로 질환이 나타날 때는 정형외과나 통증진료과, 심장이나 혈관이 원인이 되어 나타난 질환은 순환기과, 신경성 질환은 신경내과나 정신과, 통증전문의와 상담해야 한다. 각 전문가도 연계 진료할 필요가 있다.

---

34 Jones JH, Weir WB. : Cocaine–induced chest pain. Clin Lab Med.2006;26:127–46
35 Lippi G, Plebani M, Cervellin G. Cocaine in acute myocardial infarction.Adv Clin Chem. 2010;51:53–70.

심리적 통증 증후군

이 질환은 심신의 피로나 만성 불면증, 생활 습관 불균형, 스트레스 등이 원인이 되어 나타난다. 약물의 만성 중독이나 음식·음료의 불균형, 만성 감염증 등에 의한 통증을 제거해야 한다. 원인을 제대로 특정할 수 없는 경우도 있다. 이 경우 통증의 원인을 찾아내 다른 질환을 유발하지는 않는지 확인해야 한다. 또 이 질환으로 인해 여러 가지 생활 활동이 불편해질 수 있으므로 조기에 치료하는 것이 좋다.

발현되는 통증으로는 흉통이나 두통, 등 통증, 요통, 하지 통증이 있다(p.97 **그림 3-25**). 또 아래 사례에서 알 수 있듯이 만성 통증이 갑자기 급성통의 발작 형태로 나타나기도 한다.

이 질환이라는 것이 명확해지면 진정제 투여뿐만 아니라 환자가 정신적으로 안정될 수 있도록 대화나 상담을 진행하는 것도 필요하다.

이 질환에 의한 증후군에, 만성피로증후군, 협심증, 등 통증, 반복성 통증 증후군, 강박성 장애(신경증성장애), 만성 설사, 과민성장증후군, 신경성 빈뇨, 이 갈이, 섬유근육통, 편두통·긴장성 두통 등을 포함시키는 연구자도 있다.

©sumnersgraphicsinc–Fotolia.com

심신의 피로에서 오는 만성 흉통 : 만성 피로 증후군

23세 · 남성, 대학생

왼쪽 어깨와 쇄골 아래에 심한 통증을 호소하여 밤 10시경 외래 진료를 받았다. 맥박은 약한 분당 78회로 빈맥이었지만, 부정맥은 없었다. 혈압이 조금 높았는데(155/91mmHg), 평소에는 오히려 저혈압(수축기 혈압 100mmHg 전후)이며, 체온은 36.4도였다. 또 인두와 후두에는 특별한 이상이 없었다. 심장 소리, 호흡 소리 모두 정상이었으며 전신의 타진, 청진, 촉진에도 특별한 이상이 없었다. 국소(쇄골 아래) 부위를 촉진하였는데, 특별히 만져지는 것도 없었으며, 심근 허혈을 의심해서 심전도를 기록하였는데 정상이었다. 흉부 X레이를 찍었으나 특별한 이상이 발견되지 않아서 문진을 실시하였다.

최근(수개월 전부터) 스포츠(유도)와 그림 동아리 활동으로 피로가 조금 누적되었다. 가정 교사로 일하고 있는 집에서 하숙 생활을 하고 있으며, 주말에는 외부에서 오는 고등학생과 하숙집 자녀(중학생)를 가르친다. 고등학생은 내년에 대학 시험을 앞두고 있고 꽤 공부를 잘해서 가르치기 편한데, 중학생은 공부를 별로 좋아하지 않는다. 부모에게 의뢰받아 할 수 없이 가르치고는 있지만 이 상황이 상당한 스트레스로 작용한 것 같다. 통증의 성질은 지속적이며 무겁게 조이는 느낌으로, 그 정도가 심각하였다(참을 수 없는 통증을 10이라고 한다면 8 정도).

약리학적 진단을 겸해서 '벤조다이아제핀(디아제팜)' 5밀리그램을 근육 주사하였다. 15분 정도 경과하자 통증이 조금씩 완화되었으며 30분 후에는 거의 사라졌다. '디아제팜' 복용을 권하였지만 거절했다. 당분간 무리하지 말고 무슨 일이 있으면 언제든 연락하라고 했고, 환자는 귀가하였다. 그 후 연락이 없어 하숙집 주인에게 연락했더니 특별히 바뀐 것은 없고 건강하게 잘 지낸다고 하였다.

환자는 이공계 학생으로 실습을 이어가며 동아리 활동으로 상당한 신체적 피로가 누적되었다. 거기에다 하숙집 자녀의 가정 교사로 정신적 스트레스가 지속적으로 쌓였을 것이다. 이런 경우 교감신경계가 과도하게 흥분하고 흉부와 경부, 요부 그 외 부위에 통증이 나타나기도 한다. 몸과 마음에 지속적으로 쌓인 스트레스가 되는 경우도 있으며, 만성 피로 증후군 중 한 유형으로 생각할 수 있다.

정신적 쇼크에서 오는 흉통 발작 : 협심증

34세 · 남성, 공무원

흉부 통증과 압박 발작을 호소하여 응급 외래로 진료받았다. 혈압 175/90 mmHg, 맥박 분당 82회에, 부정맥은 없었으며 체온은 36.5도였다. 링거를 맞고 우선 정맥을 확보한 후 '디아제팜' 5밀리그램을 정맥 주입하고, 전신의 촉진과 타진, 청진을 진행했으나 특별한 이상은 없었다. 혈액 검사와 흉부 X 레이 검사, 심전도, 소변 테스트에서도 이상 소견은 발견되지 않았다.

진정제 디아제팜을 정맥 주사한 후 경면(졸린) 상태에서 문진을 실시하였다. 전날 밤 멀리 떨어져 있는 여자친구가 갑자기 목숨을 잃었는데 일 때문에 도저히 갈 수 없는 상황이었다. 생리식염수 링거 및 진정제 정액 주사를 놓고 20분 정도 경과하자 문진 도중 혈압이 130/75mmHg, 맥박이 64로 떨어졌다. 특별히 다른 이상은 발견되지 않았으며 환자의 흉통이 완화되어 퇴원을 허가하였다.

이러한 사례는 응급 외래에서 가끔 볼 수 있는 흉부 통증 발작이다. 정신적인 쇼크로 두통이나 흉통, 요통 등의 발작이 일어나기도 한다(p.97 그림 3-25).

대상포진과 대상포진 후 신경통

대상포진은 주로 흉부에서 발생한다. 얼굴이나 복부, 대퇴부에도 나타나지만 가슴의 늑간 신경에 가장 흔히 나타나므로 여기에서 설명하겠다.

대상포진의 원인은 수두 대상포진 바이러스이다. 수두가 낫더라도 수두 바이러스가 신경절 안에 잠복해 있다가 스트레스나 정신적인 피로감, 노화, 항암 치료, 햇볕 등의 자극으로 면역력이 저하되면 발병한다(p.105 **그림 3-26**). 바이러스가 왜 재활성화하는지 그 메커니즘은 밝혀지지 않았다. 60대를 중심으로 50~70대에서 많이 나타나는데, 젊은 사람에게 나타나기도 한다.

증상은 지각신경이 지나가는 영역을 따라 대상(帯状)에 통증을 동반한 붉은 발진과 작은 수포가 생긴다. 발진이 생기기 며칠 전부터 찌릿찌릿한 통증이 나타나기도 한다. 요부나 하복부에 나타난 경우 배뇨 장애나 배변 장애가 생기기도 하며, 드물게 발진 없이 신경통만 있는 경우도 있다.

보통 피부 증상이 나으면 통증도 사라지는데, 찌릿찌릿한 통증이 한 달 이상 계속되면 대상포진 후 신경통을 의심할 수 있다. 이는 급성기 염증에 의해 신경에 심한 손상이 생겼을 때 나타난다. 급성기 통증은 신경과 피부의 염증에 의해 나타나지만 대상포진 후 신경통은 신경 손상에 의한 것이라서 통증이 남았을 때는 통증진료과 등에서 전문적으로 치료를 받아야 한다.

치료에는 급성기인 경우 아시클로버나 비다라빈, 팜시클로버와 같은 항바이러스제가 효과적이며, 링거나 내복약으로 단기간에 회복을 기대할 수 있다. 피부 증상이 나타날 경우에는 아시클로버 연고 등이 효과적이다. 약 투여와 함께 안정을 취하며 체력을 회복하는 것도 중요하다. 적절한 치료가 이루어지면 7~10일 정도 만에 물집이 딱지가 되어 치료된다.

대상포진 정도가 심한 경우나 고령자 등 면역기능이 저하된 경우, 초기에 적절한 치료가 이루어지지 않으면 치료한 후에도 신경통과 같은 통증이 후유증으로 남을 수 있다. 대상포진 후 신경통의 치료법은 아직 확립되지 않았다. 필요에 따라 신경 차단이나 물리요법, 비스테로이드성 항염증제, 항우울제, 항경련제, 레이저치료 등을 조합하여 치료한다.

심한 통증이 지속될 경우 통증진료과에서는 지속적 흉부경막외 차단, 신경근 차단, 성상신경 차단 등을 실시한다. 통증이 지속되어 일상생활에 지장이 있을 경우에는 전기적으로 척수를 자극하는 방법을 이용한다. 경막외 전극을 심어 스스로 자극하면 통증이 완화된다.

한국, 미국뿐만 아니라 유럽 등 30개국 이상에서 대상포진 백신이 예방 목적으로 폭넓게 사용되고 있는데, 일본에서는 아직 예방을 목적으로 한 보험이 적용되지 않고 있다.

일본에서는 대상포진을 예방하기 위한 접종이 아직 일반적이지 않아서, 의료기관에 따라서는 접종하지 못할 수도 있다. 대상포진 전문 피부과나 통증진료과에서 상담하는 것이 좋다. 대상포진에 걸린 적 없는 60대 이상의 고령자에게는 백신 접종을 권장하고 있다.

또 대상포진에 걸린 사람은 스트레스나 피로에 의해 면역력이 저하된 상태이므로 불규칙한 생활이나 과도한 피로, 정신적인 피로가 누적되는 것을 피하고, 규칙적인 생활과 충분한 영양 섭취, 마음 안정, 충분한 수면, 적당한 운동을 해야 한다. 또 과로나 스트레스 등으로 신체가 힘들 때나 암 등으로 면역기능이 떨어졌을 때 발생하기 쉬워서 전신 검사도 추천한다.

그림 3-26 : 흉부 늑간 신경에 발생한 대상포진

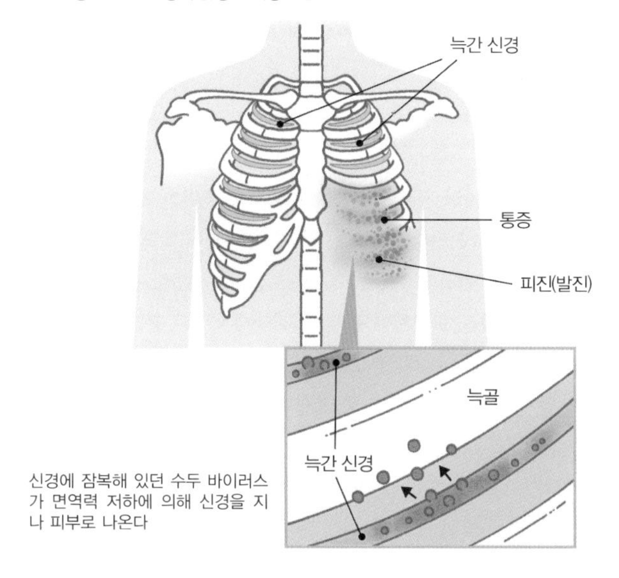
늑간 신경
통증
피진(발진)
늑골
늑간 신경
신경에 잠복해 있던 수두 바이러스가 면역력 저하에 의해 신경을 지나 피부로 나온다

흉추 압박 골절

흉추 압박 골절이란, 척추의 추체(척추뼈)가 중력이 가해지는 방향으로 강하게 압박되어 눌리는 골절로, 뼈를 짓누르는 힘이 작용하여 생기는 골절이다(**그림 3–27**). 이것도 사람이 두 발로 걸을 수 있게 된 것과 관련이 있다. 골다공증이 있는 고령자에게 많이 나타나며, 대부분은 흉추나 흉추와 요추의 연결 부위에서 발생한다. 높은 곳에서 떨어지는 사고를 당한 경우는 해당되지 않지만, 골다공증이 있는 고령자의 경우 비교적 가벼운 힘이 가해지는 것만으로도 추체가 압박되어 골절된다.

또 구루병이나 골연화증, 신성골이영양증 등과 같은 대사 질환에 의해 뼈의 강도가 저하될 때도 압박 골절된다. 대부분 골다공증이 원인이 되어 발생한다. 여성 고령자의 등이 둥글게 굽는 노인성 척추 후만증은 흉추의 다발성 압박 골절이 원인이 되어 나타난다. 골다공증이 심각한 경우 기침에 의해 골절되기도 한다.

압박 골절이 일어난 부위에 중도 또는 경도의 통증이 나타나며, 급성기에는 자다가 몸을 뒤척이거나 앞으로 구부릴 수 없을 정도로 강한 통증을 호소한다. 암처럼 악성 종양이 전이되어 발생하는 압박 골절도 있기 때문에 정확한 진단을 내려야 한다.

골다공증에 의한 척추 압박 골절은 1~2주 정도 안정을 취하는 것만으로도 통증이 조금씩 가벼워진다. 요추 고정 밴드 등으로 가볍게 고정하고 통증이 가벼워질 때까지 침대에서 안정을 취한다. 환자가 고령인 경우 장기간 침대에서 안정을 취하면 호흡기나 요로계 감염이 발생하거나 치매가 생길 수 있으므로 가능한 빨리 보행 훈련을 해야 한다.

통증이 심한 경우에는 흉부 경막외 차단으로 통증을 완화하여 혈류 개선을 촉진해 압박 골절의 진행을 막는 것이 중요하다.

그림 3-27 : 흉추의 압박 골절

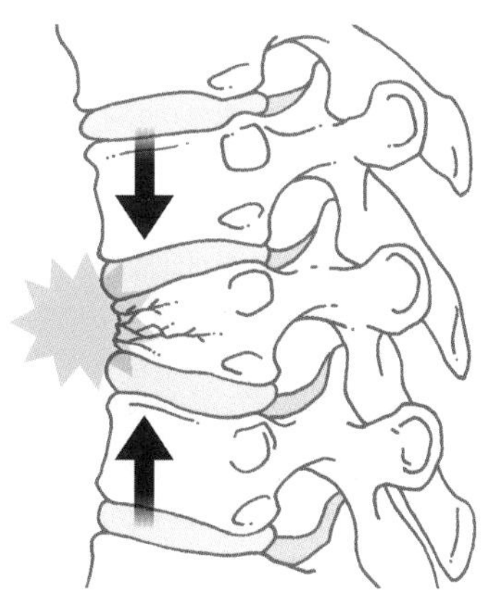

추체에 화살표처럼 외력이 가해지면 압박 골절되고, 골다공증이 있으면 발생하기 쉽다.

골절에 의한 변형이 심한 경우나 신경 압박 증상(발의 마비 등)이 있는 경우에는 수술로 뼈를 이식하거나 압박 골절된 척추에 피부에서 바늘을 꽂아 의료용 시멘트(골시멘트, 폴리메틸메타크릴레이트)를 주입해서 고정하여 통증을 없애는 치료를 하기도 한다(경피적 추체 형성술). 장기적으로는 경막외 척수 전기 자극요법이 효과적이다.

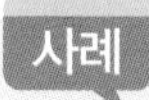

교통사고로 생긴 등 통증과 자살

54세 · 여성, 수간호사

외상 후 통증 증후군에 의한 통증으로 결국 자살한 환자의 사례를 소개하겠다.

1년 정도 전에 교통사고로 등과 어깨에 강한 타박상을 입었다. 처음에는 통증이 그렇게 심하지 않았는데, 몇 개월 전부터 등에서 오른쪽 어깨에 걸쳐 점점 통증이 심해져 진통제와 함께 그 외 대체 의료를 실시하였는데도 통증이 사라지지 않았다. 평소 업무에 지장이 생겨 근무하던 병원 원장에게 소개받아 통증진료과로 찾아왔다.

통증 호소에 의하면 둔한 통증과 함께 이따금 도려내는 듯한 통증이 나타난다고 하였다. 촉진해 보니 오른쪽 등에서 오른쪽 상완에 걸쳐 피부 온도가 낮았고, 왼쪽보다 오른쪽 피부가 습했으며, 냉각에 과민 반응을 보였다(환자에 의하면 1.5배 정도). 촉각은 좌우 차이가 없었으며 오른쪽 팔의 근육이 경미하게 위축되어 있었고, 그 외 감각장애나 운동장애는 없었다. X레이에서는 외상에 의한 것으로 보이는 7번째 흉추의 경도 압박 골절이 있었다.

외상 후 통증 증후군이 의심되어, 전신의 선별 검사(스크리닝 테스트)와 함께 MRI검사도 하였다. 영상으로 봤을 때 척주나 추간판, 척주관(척수가 이동하는 척추관)에는 이상이 없었다. 환자의 자택이 멀어서 입원하고 지속적 경막외 차단을 실시하였더니 통증이 사라졌다. 또한 오른쪽 흉부 교감신경절 차단에서도 통증이 사라져서 페놀 블록(phenol block)을 실시하였다. 그 결과 통증이 완전히 사라져 환자는 업무에 복귀할 수 있었다.

그러나 몇 개월 후 통증이 재발하여 원장으로부터 치료 의뢰 연락을 받았다. 차단과 척수 전기자극 요법 중 어떤 것을 할지 기다리고 있었는데, 며칠 후 원장으로부터 환자가 자살했다는 연락을 받았다.

〈반성할 점〉 대학교가 바빠서 제대로 환자의 애프터 케어를 하지 못하였다. 수개월 후 통증이 재발할 우려가 있다는 점은 설명했지만, 몇 회 치료로 재발이 없어질 가능성도 있다는 것과 다음 단계에 척수 전기요법이라는 방법도 있다는 것을 충분히 설명하지 않은 것은 아닌가 하는 후회가 남는다. 원장의 설명에 따르면 그 환자는 매우 성실해서 다른 간호사들에게 인망이 두터웠다고 한다. 그런데 병원이 매우 바빠 간호사로서 근무하기가 쉽지 않았는데, 스스로 병가 내는 것을 극도로 싫어했던 것 같다. 참으로 후회가 남는 사례가 아닐 수 없다.

흉부 척주관 협착증

노화가 진행될수록 흉추 변형이나 황색인대 경화, 후종인대 골화증, 추간판 헤르니아, 드물게 흉추 추간 관절의 비후 등이 원인이 되어 나타나며, 척수가 이동하는 관(척추관)이 좁아지는 질환이다(p.110 **그림 3-28**). 특히 좁아지는 부위가 광범위해지는 증상은 특정 질환으로 지정되어 있다.

● 광범위 척주관 협착증

56개의 난치병 중 특정 질환으로 지정된 질환이다. 경추, 흉추, 요추 등 광범위하게 걸쳐 있는 척주관이 좁아져 척수신경 장애를 일으키는 질환으로, 경추부나 흉추부, 요추부 중 두 군데 이상의 부위에서 척주관이 좁아진다. 경추와 흉추의 연결 부위 또는 흉추와 요추의 연결 부위 중 한 군데에서만 좁아지는 것은 해당되지 않는다.

일본에서는 연간 약 2~300명이 발병하는 것으로 추정되며, 중년 이후의 남성에게 많이 발생한다. 경추와 요추 부위의 협착이 합병증으로 나타나는 경우가 많다. 선천적이거나 노화가 원인이 되어 발병하는 것으로 알려졌지만, 정확히 밝혀지지는 않았다.

주요 증상으로는 주로 손발이나 신체의 저림이나 통증, 무력감 등이 있다. 손발에 힘이 들어가지 않으면 도와주는 사람이 있어야 한다.

또 걸으면 서서히 통증이나 저림이 심해지고 조금 쉬면 다시 걸을 수 있는 증상(간헐성 파행)을 보인다. 배뇨나 배변 장애를 동반하기도 하며, 넘어져서 갑자기 증상이 악화되기도 한다.

치료 시에는 경추 견인이나 요추 견인, 고정 기구 등이 이용된다. 또 소염진통제나 비타민 B_{12}와 같은 약도 사용되는데, 통증이 심할 때는 신경 차단을 실시한다. 이렇게 치료해도 효과가 없을 때는 입원하여 신경 차단을 병행하면서 경추나 요추의 지속 견인을 실시한다.

이러한 보존치료로 효과가 없을 때는 수술요법을 진행한다. 경추부의 경우는 협착 부위를 앞에서 제압하여 골반과 같은 자신의 뼈를 넣어 고정하는 수술(전방 제압고정술)이나 뒤에서 제압하는 추궁 절제술, 척주관 확대술 등을 실시한다. 최근 경향을 비추어 볼 때 경추에 협착 부위가 여러 군데 있는 경우에는 척주관 확대술을 진행한다. 흉추부인 경우에는 뒤에서 추궁 절제술이 이루어진다. 요추부는 뒤에서 추궁 절제술이나 확대 개창술, 고정술 등이 이루어진다. 척수마비 상태에서는 수술을 해도 회복되지 않는다.

일반적으로 손발에 통증이나 저림이 있는 경우 증상의 호전과 악화가 반복되기 때문에 보존치료를 받으며 경과를 관찰해야 한다. 손발의 힘이 없어지거나 배뇨나 배변 장애가 있을 때는 수술요법을 실시하지 않으면 증상이 쉽게 나아지지 않는다.

그림 3-28 : 척주관 협착증

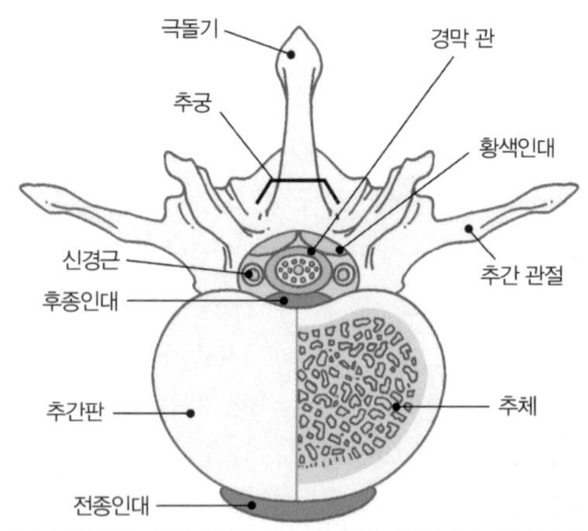

후종인대나 황색인대의 비후, 골화, 추간판 돌출, 뼈 변형, 추간 관절 비후 등으로 척주관이 좁아져 척수나 척수신경, 신경근 등이 압박되어 발생한다.

● 후종인대 골화증

이 질환도 56개의 특정 질환 중 하나이다. 척추 추체의 후연을 상하로 연결해 척주를 이동하는 후종인대가 골화(석회가 가라앉아서 뼈의 조직이 형성되는 과정 – 옮긴이)하여 비후(부어올라 두껍게 됨 – 옮긴이)한 결과, 척수가 들어 있는 척주관이 좁아져서 척수나 척수에서 밖으로 나오는 신경근이 압박되어 신경 장애를 일으키는 질환이다. 골화하는 척추의 위치에 따라 각각 경추 후종인대 골화증, 흉추 후종인대 골화증, 요추 후종인대 골화증으로 불린다(**그림 3-28**, **사진 3-29**).

주로 중년 이후 남성에게 발병하며, 당뇨병이나 비만이 있는 사람은 발생 빈도가 높은 것으로 알려져 있다. 유전적 요인이나 성호르몬 이상, 칼슘 · 비타민 D의 대사 이상, 당뇨병, 비만, 노화, 전신 골화, 골화 부위의 국소 스트레스 또는 그 부위의 추간판 탈출 등 다양한 원인에 의해 발병할 수 있는데, 정확한 원인은 아직 밝혀지지 않았다.

가족 내 발병이 많다는 부분에서 유전자와 관련이 있음을 추측할 수 있다. 이 질환이 경추에서 나타나면 먼저 경근이나 견갑골 주변, 손끝에 통증과 저림 증상이 나타난다. 증상이 진행되면 통증과 저림이 확산되어 발 저

사진 3-29 : 흉추에 발생한 후종인대 골화증의 MRI 영상

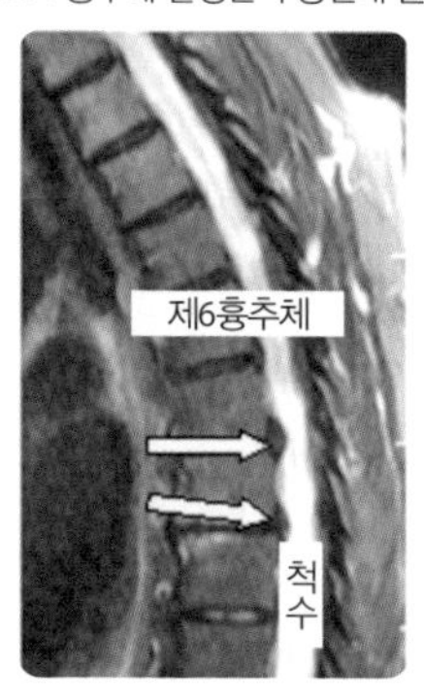

두 개의 흰색 화살표 부분(제7/8, 8/9 흉추 간판)이 특히 척주관으로 돌출하여 척수가 잘록하게 들어가 있다. 자세히 보면 제5흉추 레벨 부근에서 척수가 압박되고 있는 것을 알 수 있다. 또 척수가 뒤에서도 압박되고 있다(황색인대 골화증).

림이나 감각장애가 나타나고 생각대로 발이 움직여지지 않으며, 손을 이용한 미세한 작업이 힘들어진다. 중증이 되면 배뇨나 배변 장애가 나타나며 일상생활이 어려워진다.

이 질환이 흉추에서 발병하면 다리에 힘이 들어가지 않고 저림 증상이 나타나는 경우가 많으며, 요추에서 발병하면 보행 시 다리 통증이나 저림, 무력감 등의 증상이 나타난다. 절반 이상은 몇 년이 경과해도 증상에 변화가 없는데, 일부의 경우 진행성이라서 수술해야 할 수도 있다. 또 외상, 예를 들어 넘어지면 이전 증상이 더 심해지기도 한다.

경추에서 보존적 요법을 실시할 경우 경추에 외고정기구를 착용한다. 이때는 높이를 조절할 수 있는 기구를 권장한다. 그리고 목을 뒤로 젖히는 자세는 피해야 한다. 약물요법으로 소염진통제나 근이완제 등을 복용하면 자각증상이 경감될 수 있다.

수술하기 전에 신경 차단 요법으로 개선하기도 한다. 이 요법에서는 혈행 개선 효과를 기대할 수 있으며, 증상이 심할 때는 수술요법을 실시한다. 이 질환은 황색인대 골화증이나 전종인대 골화증과 같은 합병증이 나타나기 쉬워서 정기적으로 검사해야 한다. 증상이 반드시 진행성으로 나타나지는 않기 때문에 전문가와 상담한 후에 치료해야 한다.

● 척수 경색(허혈성 척수 장애)

척수는 뒤에 2개, 앞에 1개의 동맥이 있으며, 척수의 영양을 관장한다. 경수는 주로 추골동맥에서 나오고, 흉추 아랫부분은 아담키비츠(Adamkiewicz)라고 하는 대동맥에서 나온 동맥이 흐른다. 척수 경색은 보통 추골동맥 이외의 동맥이 장애가 되어 발생한다. 급격한 등 통증이나 두 손발의 마비 그리고 특히 통각이나 온각에 장애가 나타나며, 다른 감각에는 큰 이상이 없다. MRI 검사로 진단을 내린다.

특정 척수 신경절, 제2 ~ 제4 흉수 신경절 부근이 특히 허혈이 되기 쉽다. 대동맥 손상(예를 들면 아테롬 동맥경화나 대동맥 해리, 수술 중 동맥 결찰 등으로 나타남)이 척수동맥 자체의 병변보다 경색의 원인인 경우가 많다. 전형적으로 전척수 동맥이 침식되면 전척수 증후군이 나타난다. 척수 뒤쪽의 후색을 지나 전도하는 위치각 및 진동각은 비교적 장애가 되지 않는 것이 특징이다. 이 질환은 일단 발병하면 완치되기 어렵다.

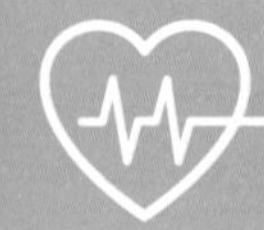

허리는 왜 아플까? - 다양한 요부 통증

인류는 사족 보행하는 동물에서 이족 보행하는 인간으로 진화하게 되었다. 이 때문에 목은 머리를 위로 지탱하기 위해, 또 허리는 몸을 수직으로 지탱하기 위해 S자형으로 휘어 있다(생리적 만곡). 이로 인해 무거운 상반신을 지탱하는 허리와 머리를 지탱하는 목에 과부하가 걸려 요통이나 어깨 결림 증상이 나타나기 쉬워졌다. 이는 인류가 이족보행을 하게 되었기 때문에 발생한 질환이라고 할 수 있다. 즉 진화 과정에서 생긴 질환이라고도 할 수 있으며, 이 부분 또한 인류가 더 진화하면 없어질 수도 있다.

대부분의 허리 통증은 나쁜 자세나 과로, 요추 추간판 헤르니아, 후만증, 요부 척주관 협착증, 요추 변형증, 압박 골절, 요부 염좌가 원인이다(**그림 3-30**). 요추나 요부 근육은 그보다 위의 체중을 지탱하면서 앞으로 굽거나 뒤로 젖혀지는 등 운동 범위가 넓고, 또 달리거나 뛰어오를 때는 상당한 중력이 작용한다.

허리 통증은 이러한 요부의 골격 질환 이외에도 복부나 하복부, 음부 등의 질환이 원인이 되는 경우도 있다. 예를 들면 신장이나 요관, 대장, 대동맥, 부인과, 비뇨기과 질환, 악성종양 등에 의해 발병하기도 한다. 또 스트레스나 심신증, 자율신경 실조증, 히스테리, 심인성 허리 통증도 있다. 이렇게 요통은 다양한 원인에 의해 나타나기 때문에 자가 진단을 하지 말고 전문가에게 진료받아야 한다.

자세나 과로에서 오는 급성 요통은 안정을 취하고 생활 습관을 개선하면 자연스럽게 낫는다. 최근에는 급성 요통이더라도 반드시 안정을 취하는 것이 아니라, 신체를 움직이는 것이 좋다는 내용이 많이 보고되고 있다. 장시간 냉방 환경에서 데스크 업무를 하는 사람이나 계속 같은 자세로 일하는 사람은 주의할 필요가 있다. 그리고 스트레스가 가중되면 증상은 더욱 심해

그림 3-30 : 요통은 다양한 원인에 의해 나타난다

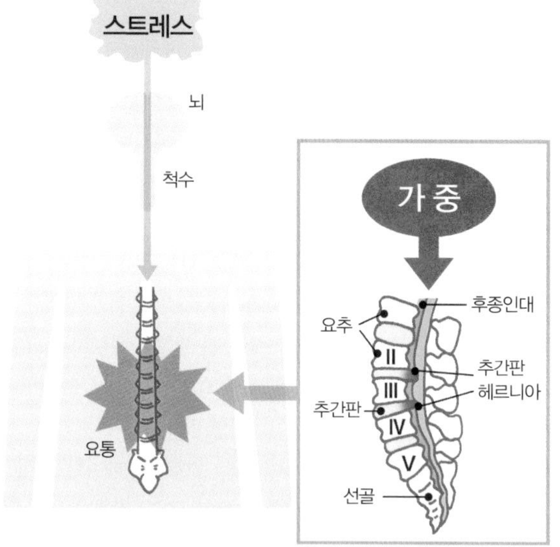

스트레스나 장시간 같은 자세, 비만, 요부 변형, 가중에 의한 추간판 헤르니아, 인대 비후 · 골화 등에 의해 나타난다.

진다. 장기간 통증이 지속되는 경우에는 다음과 같은 골격 질환이 원인일 수 있으므로 전문가에게 진료받아야 한다.

● 요추 추간판 헤르니아

추간판은 둥근 젤라틴 모양의 수핵과 그 주변의 섬유륜으로 이루어져 있으며, 추체에 이른바 쿠션 작용을 한다. 그런데 이 탄력이 풍부한 추간판은 나이가 들수록 수분을 잃어 성질이 변한다. 추간판에 강한 압력이 가해지면 수핵이 섬유륜에 생긴 균열에 의해 밀려나게 된다. 이 증상이 요추에서 나타나면 요추 추간판 헤르니아라고 한다.

추골 앞쪽은 강한 인대(전종인대)가 지탱하고 있어서 주로 추골 뒷부분에서 수핵이 튀어 나가 좌우 어느 한쪽으로 치우치게 된다. 이렇게 수핵이 튀어 나가거나 부풀면 뒤쪽에 있는 신경근을 압박하여 허리에 통증이 생긴다.

왜 신경을 압박하면 아플까? 그 이유는 아직 밝혀지지 않았다. 기계적으로 통증 신경을 자극하는 것인지, 신경과 함께 지나가는 혈관을 압박하여 허혈 상태가 되기 때문인지, 또는 다른 원인에 의해 아픈 것인지 제대로 밝혀지지 않았다(p.79 **그림 3-16**).

헤르니아를 일으키는 위치는 제4 요추와 제5 요추 사이, 또는 제5 요추와 천골 사이에 집중되어 있다(p.118 **사진 3-31**). 요추 추간판 헤르니아는 허리뿐만 아니라 다리까지 통증이나 저림이 퍼지는 것이 특징이다. 서 있을 때보다 앞으로 구부리고 있거나 앉아 있을 때 통증이 더 심하다. 또 좌골신경과 연결된 신경근이 압박되면 허벅지나 종아리, 발에까지 통증이 퍼져 이른바 좌골신경통이 생긴다.

또 발의 근력이 저하될 수 있고 상태가 심해지면 마비나 배설 장애를 초래하기도 한다. 라세그 징후라고 하여, 위를 보고 잘 때 무릎을 펴고 아픈 다리를 들면 통증으로 들어 올리지 못하는 것이 특징이다(건강할 때는 80~90도까지 올릴 수 있다). 통증이 심할 때는 누워서 다리를 가볍게 구부리는 등 편한 자세로 안정을 취하며, 튀어나온 수핵이나 섬유륜이 자연스럽게 흡수되어 없어질 가능성도 있기 때문에 3~6개월 동안은 보존요법으로 경과를 관찰한다.

이 기간에는 약물요법이나 신경 차단, 코르셋 장착, 온열 요법, 견인요법 등을 실시한다. 이러한 처치를 했음에도 신경 증상이 심하고 일상생활에 지장이 있거나 특히 운동 장애가 있을 때에는 수술로 수핵을 제거해왔다. 다만 장기적으로 봤을 때 수술이 좋을지 아니면 보존적으로 치료하는 것이 좋을지는 의견이 분분하다.[36, 37]

경막외 차단 요법의 장기(12년) 관찰 결과, 명확한 치료 효과가 있다는

---

36 Awad JN, Moskovich R. : Lumbar disc herniations: surgical versus nonsurgical treatment. Clin Orthop Relat Res. 2006;443:183–97.

37 Weinstein JN, Lurie JD, Tosteson TD, Tosteson AN, Blood EA, Abdu WA, Herkowitz H, Hilibrand A, Albert T, Fischgrund J. : Surgical versus nonoperative treatment for lumbar disc herniation: four-year results for the Spine Patient Outcomes esearch Trial(SPORT). Spine 2008;33:2789–800.

것을 확인할 수 있었다.[38] 최근에는 피부를 절개하지 않고 실시하는 경피적 추간판 적출술이나 감압술, 내시경에 의한 수술도 실시하는데, 시간이 오래 걸리지는 않는다. 장기적인 효과는 좀 더 시간이 걸릴 것으로 보인다.[39] 또 레이저 요법으로 헤르니아를 증발시키거나 '키모파파인(효소 일종)'을 주입하여 추간판을 용해하거나 응고시키는 방법도 있다. 모든 방법에는 장단점이 있으며, 또 일본에는 보험이 적용되지 않는 치료시설도 있어서 전문가와 상담해야 한다.

요추 추간판 헤르니아

42세 · 여성, 주부

2년 전 즈음부터 요통이나 우하지(오른쪽 다리) 저림 증상이 나타났고, 앞으로 구부린 자세에서 통증이 더 심하였다. 통증 때문에 수면 장애도 있어서 진통제(볼타렌 좌약이나 '록소닌')와 수면제('렌돌민')로 통증에 대응하고 있었다. 그러다 6개월 전부터 증상이 심해졌다. 신경근 차단으로 통증이 완화되었는데, 2개월 전부터 다시 증상이 악화되었다. 진통제로도 통증이 완화되지 않아 요부 경막외 차단을 2주에 1~2회, 총 20회 실시하였는데, 증상이 한 번 좋아지면 한 번 나빠지는 것을 반복했다. 11월 25일에 경피적 추간판 감압술을 실시하였는데, 그 직후 요통과 저림 증상이 사라졌다. 10개월간의 경과 관찰 결과 통증 정도는 8.5에서 2.3이 되었으며, 만족도는 90%였다.

이렇게 진통제와 신경 차단으로도 통증이 사라지지 않고 발 저림 증상이 지속될 경우에는, 수술이나 이 사례처럼 최소한의 외과적인 침습법을 이용하면 통증이나 저림이 사라지기도 한다. 사례마다 다르다고 할 수 있다(p.118 사진 3-31).

38 Conn A, Buenaventura RM, Datta S, Abdi S, Diwan S. :Systematic review of caudal epidural injections in the management of chronic low back pain. Pain Physician. 2009;12:109–35.
39 Manchikanti L, Derby R, Benyamin RM, Helm S, Hirsch JA. : A systematic review of mechanical lumbar disc decompression with nucleoplasty. Pain Physician. 2009;12:561–72.

사진 3–31 : 요추 추간판 헤르니아의 MRI 사진(화살표 면)

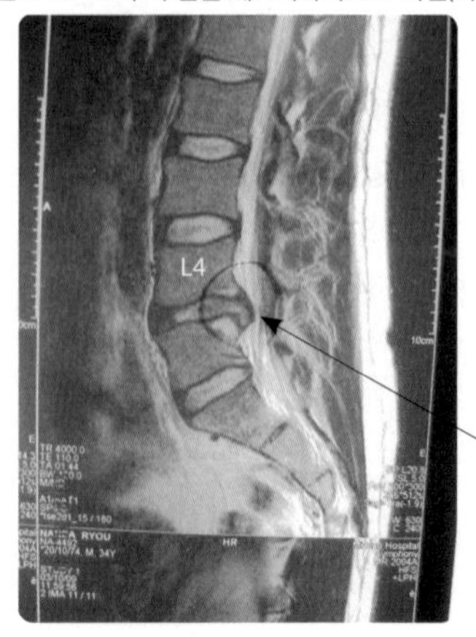

제4 요추(L4)와 제5 요추 사이의 추간판 수핵이 척주관에 혀처럼 튀어나와 마미(발을 지배하는 척수신경)를 압박한다. 이 때문에 요통과 좌하지(왼쪽 다리) 통증, 저림 증상이 나타난다. 이 환자(42세)는 경막외 차단과 경피적 추간판 적출술(뉴클레오플라스티)로 통증이 완화되었다.

추간판 수핵이 척주관으로 튀어나와 마미를 압박

● 요부 척주관 협착증

요추 추체와 추궁 사이는 척주관이라는 관으로 되어 있으며, 이 관에 척수나 척수신경이 들어 있다. 요부의 척수신경은 다발로 묶여 있으며, 추간공에서 척주관 밖으로 나와 허리나 발로 이동한다. 이 척주관이 다양한 원인에 의해 좁아져 신경이나 혈관을 압박해 통증을 일으키는 질환이다. 선천적인 경우나 추간판 헤르니아, 척추 후만증, 변형성 요추증, 인대 비대 등이 원인이 되어 척주관이 좁아져 발생한다. 고령자에게 많이 나타나는 질환이다(사진 3–32).

요통이나 발의 통증 · 저림이 주요 증상인데, 조금 걸으면 발이 아프거나 저려서 걸을 수 없을 때도 있다. 앞으로 구부린 자세로 조금 쉬면 다시 걸을 수 있게 되는데(간헐 파행), 앞으로 구부리면 척주관이 조금 넓어져 편해지는 것으로 추측된다.

발의 혈행 장애(폐색성 동맥염, 동맥경화증)에서도 같은 증상이 나타난다. 혈행 장애에서도 간헐 파행이 나타나지만, 다른 증상은 없다. X레이나 MRI 검사로 척주관 협착증 진단을 내린다. 약물요법이나 신경 차단으로 허리 통증을 없애거나 혈행을 좋게 하여 증상을 개선하며, 또 허리 위치를 똑바로 유지하기 위해 코르셋을 착용하기도 한다.

이러한 치료를 계속해도 증상이 개선되지 않고 신경 증상이 심해져 걸을 수 없게 되거나 배뇨·배변 장애가 있을 때는 수술로 좁아진 척주관 뼈를 깎아 넓혀서 압박을 제거한다. 수술 치료율은 개인차나 시설 차가 크다. 이 질환에 수술이 좋을지 보존 치료법이 좋을지에 대해서는 관찰 기간이나 재활이 어떻게 이루어졌는지에 따라 보고가 달라서[40, 41] 전문가와 상담할 필요가 있다.

이 질환에 걸리지 않는 예방법으로는 ① 젊을 때부터 장시간 같은 자세로 일하지 않을 것 ② 무리하게 무거운 짐을 들지 않을 것 ③ 엉거주춤한 자세로 무거운 짐을 들거나 장시간 계속 일하지 않을 것 ④ 교통사고나 외

사진 3-32 : 요부 척주관 협착증

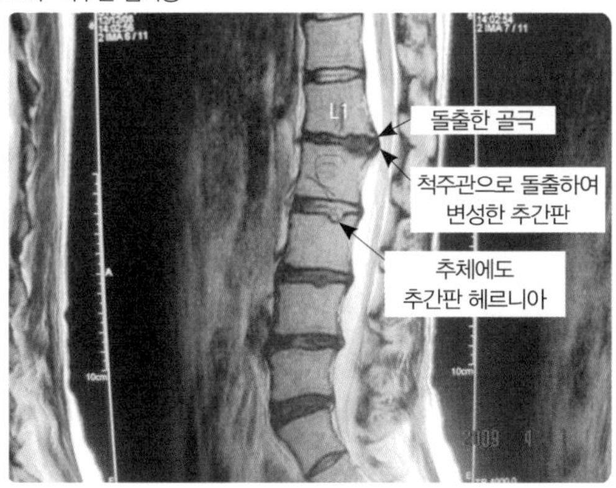

78세·남성. 제1요추와 제2요추 사이의 추간판이 척주관으로 돌출하여 척수 하단을 압박한다. 또 제2 요추와 제3 요추 사이의 추간판이 제3요추 추체에 헤르니아를 유발한다. 제3 요추 아래의 추간판도 변성하여 척주관 내에 혹처럼 튀어나와 척수신경을 압박한다.

40 Chou R, Baisden J, Carragee EJ, Resnick DK, Shaff er WO, Loeser JD.:Surgery for low back pain: a review of the evidence for an American Pain Society Clinical Practice Guideline. Spine 2009;34:1094–109.

41 Ostelo RW, Costa LO, Maher CG, de VE Vet HC, van Tulder MW:Rehabilitation after lumbar disc surgery:an update Cochrane Review. Spine 2009;34:1384–48.

척주관 협착증, 척추 압박 골절, 추골 변형증 ~ 통증으로 누워 있는 상태에서 회복 · 보행까지

97세 · 남성, 무직(전 구청장)

요통과 다리 통증으로 최근 몇 년간 누워서 생활하였다. 침대 위에서 반쯤 앉은 상태로 가족의 도움을 받아 힘들게 식사하였다. 입원 시 척추 X레이와 MRI 검사 결과 척주관 협착, 척추 압박 골절, 추골 변형 판정을 받았다. 고령을 이유로 자택에서의 재택요법을 희망하여 재택에서 이틀에 한 번씩 흉부 및 요부경막외 차단과 운동요법을 함께 실시하였다. 통증이 완화되고 근력이 회복되어 집에서 걸을 수 있게 되었으며 조금씩 운동기능이 회복되었다. 환자가 의욕적으로 바뀌자 그 모습에 가족들도 놀라는 눈치였다. 약 3개월 후 집 근처를 산책하게 되었으며, 영화 보러 갈 수 있는 날이 오기를 기대하고 있다.

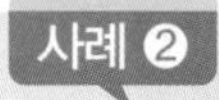

경추성 신경근증, 척주관 협착증, 요추 추간판 헤르니아

61세 · 여성, 무직

15년 전부터 오른쪽 위팔 통증과 정중신경 영역의 저림 증상을 호소하였다. 모지구근 위축이나 X레이 결과를 보면 경추 변성이나 흉추 변성, MRI 검사에서는 척주관 협착이 의심되었다. 견인요법과 '셀터치R(도포제)'이나 '볼타렌겔R(도포제)' 등 다양한 진통제로는 통증이 낫지 않았으며, 경부 및 흉부 경막외 차단(총 54회)에서 팔의 저림이나 통증이 10에서 2가 되고, 요통이 10에서 5 정도가 되었다고 한다. 지금도 2~3주에 한 번씩 예방 치료로 경막외 차단을 실시하며 경과를 관찰 중이다.

상으로 허리를 다치지 않도록 주의할 것 ⑤ 평소 적절한 운동을 할 것 ⑥ 영양에 신경 쓰고 특히 비타민D나 칼슘이 많이 함유된 음식을 섭취할 것 등이다.

이 질환에 걸렸을 때 혼자 할 수 있는 것으로는 ① 쉬면서 걷기 ② 집에서도 항상 몸을 움직이고, 같은 자세로 장시간(2시간 이상) 앉아 있지 않기 ③ 무거운 짐을 들지 않기 ④ 허리나 발을 따뜻하게 하기 등이 있다.

● 변형성 요추증

주로 추간판의 노화(변성)에 의해 발생한다. 추간판은 노화와 함께 탄력을 잃어 결국 등뼈에 가해지는 압력에 눌리게 된다. 그 결과 추골 사이가 좁아져 추골끼리 부딪치거나 추골을 잇는 추간 관절이 닳게 된다. 여기에 자극받아 추체 주변의 뼈가 증식하여 골극이라고 하는 가시처럼 생긴 뾰족한 것(변형)이 형성된다.

이 골극이 신경이나 주변 조직을 압박하여 통증을 일으키는 것으로 알려져 있는데, 통증의 이유에 대해서는 다양한 가설이 있다. ① 골극이 기계적으로 통증 신경을 자극한다 ② 골극이 주위 혈관을 압박하여 혈류를 없애 허혈 상태를 만들어 허혈성 통증을 일으킨다 ③ 주변 조직에 통증 물질이 쌓여 통증이 생긴다(p.79 **그림 3-16**).

고령자나 육체노동자, 스포츠 등 허리에 부담을 주는 일을 하는 사람에게 많이 나타난다. 잘 움직이지 않게 되고 나른하며 요통과 같은 통증이 나타나는 것이 주요 증상으로, 허리를 뒤로 젖히거나 굽히는 동작을 하면 통증이 생긴다. 예를 들면 아침에 일어날 때, 잠을 자다 뒤척일 때, 움직이기 시작할 때, 장시간 계속 서 있을 때, 계속 앉아 있을 때 통증이 심해진다. 뼈 변형의 크기와 통증 정도는 깊은 관련이 없으며, 변형성 요추증이 있다고 해서 증상이 나타나는 것은 아니다. 다만 주변 근육이 약해지면 만성 요통이 생기거나 허리를 삐끗할 수 있다.

신경차단 요법을 중심으로 치료하며, 소염진통제의 복용을 삼가야 한다. 통증이 심해서 자세를 유지하기 힘들 때는 코르셋을 착용하거나 견인요법,

온열 요법도 실시한다. 통증이 회복되면 요통 체조로 근육을 단련시켜 업무에 대비한다.

● 골다공증

고령화사회를 맞아 골다공증 환자가 늘어 큰 사회 문제가 되고 있다. 이 질환의 추정 환자 수는 1,000만 명 이상이다. 척추나 대퇴골 경부가 골절되어 누워 지내는 고령자가 현재 약 10만 명에 이르는데, 골절의 주요 원인이 골다공증(**사진 3-33**)이다.

골다공증은 뼈의 염분이 줄어 물러지고, 등이 굽어 키가 작아지면서 등이나 허리에 통증이 생기는 병이다. 이 질환에 걸리면 사물에 걸려 잘 넘어지고, 허벅지 뼈 연결 부위나 손목이 쉽게 골절된다. 주요 원인으로는 노화나 칼슘 부족, 운동 부족, 비타민D 부족 등을 들 수 있다.

특히 갱년기를 맞은 여성은 여성호르몬(에스트로겐)이 부족하여 뼈의 염분 양(칼슘)이 부족해 남성에 비해 쉽게 발병한다. 여성호르몬인 에스트로겐은 파골 세포가 뼈를 분해하는 속도를 조절하여 뼈양을 유지하는 것으로 알려져 있다. 갱년기 장애로 에스트로겐이 감소하면 뼈에 있는 칼슘이 조금씩 녹아 뼈에 구멍이 생기게 된다. 여성의 경우 이른 사람은 40대를 기준으로 나이가 들수록 증가하고, 80대는 3명 중 2명이 이 질환에 걸린다.

이 질환을 예방하려면 젊을 때부터 골염량을 축적하여 나이가 들어 감소하는 칼슘의 감소 속도를 늦춰야 한다. 이를 위해서는 칼슘을 함유한 식품을 섭취하고, 칼슘 흡수를 촉진하는 비타민D를 함유한 식품을 충분히 섭취하거나, 뼈를 건강하게 하는 적당한 운동을 해야 한다. 하루 기준 칼슘 1,000밀리그램을 섭취하고, 2~3킬로미터를 걸으며, 집 밖으로 나가 햇볕을 쬐는 등의 활동적인 생활이 예방에 도움 된다. 또 중년이 되면 골염량을 측정하여 자신의 뼈 상태를 모니터하는 것도 중요하다. 특히 고령자는 넘어져 엉덩방아를 찧지 않도록 주의해야 한다. 과도한 흡연이나 커피는 주의가 필요하다. 젊었을 때 무리하게 다이어트 하는 것도 골염량의 축적을 방해한다.

칼슘 섭취나 비타민D 제제 · 비스포스포네이트 제제의 복용, 여성호르몬 보충 요법 등이 치료에 효과적이다. 비타민D를 함유한 흡수율이 높은 우유가 칼슘 섭취에 좋다. 우유를 마시지 않는 사람은 스킴 밀크(탈지 분유)나 작은 생선, 푸른잎채소를 섭취하는 것이 도움 된다.

사진 3-33 : 골다공증에 의한 요추 압박 골절과 추체 변형

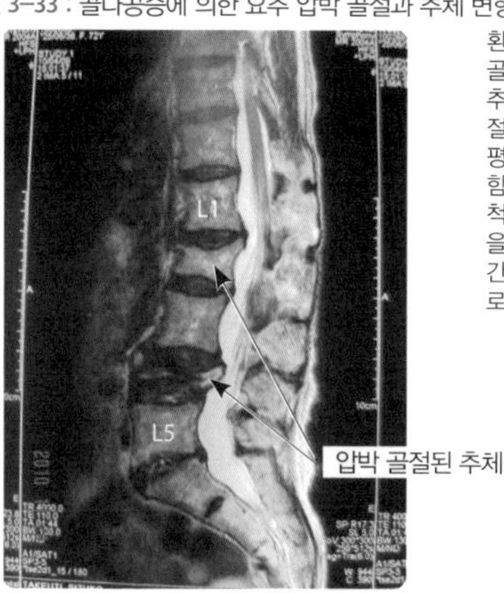

환자는 75세 · 여성, 미용사이다. 골다공증이 원인이 되어 제2 요추 추체와 제4 요추 추체가 압박 골절되었다. 제4 요추는 전병처럼 평평해지고, 제2 요추는 압박 골절과 함께 변형된다. 추간판도 변성되어 척주관으로 튀어나와 척주관 협착을 일으킨다. 식사 내용이나 장시간 일어서서 하는 일 등이 원인으로 알려져 있다.

● 만성 요통에 대한 대책(스스로 할 수 있는 예방법과 치료법)

만성 요통도 이른바 생활습관병이라고 할 수 있다. 어떻게 일상생활을 보내는지와 깊은 관련이 있다. 아래 내용을 확인해 보자.

이들은 만성 요통에 대한 일반적인 대책법이다. 만성 요통의 원인은 다양해서 각 질환에 따라 똑같이 적용하지 못할 수도 있다.

① 과로를 피할 것 : 중력이 허리뼈나 근육에 부담을 주기 때문이다. 이족보행을 하게 된 인류의 허리뼈가 굽은 것을 보면 역학적으로 이상적이지 않다.

② 체중을 줄일 것 : 비만은 허리뼈에 부담을 줄 수밖에 없다.

③ 끊임없이 신체를 움직일 것 : 같은 동작을 오래 유지하면 허리 근육이나 뼈 혈류를 원활히 배분할 수 없게 된다. 그 결과 근육에 허혈 부분이 발생하여 요통으로 이어지게 된다.[42]

④ 최대한 많이 걷기 : 하루에 몇 걸음을 걸어야 한다는 규정은 없다. 그 사람의 체력에 맞춰 걸으면 된다. 걸으면 허리 근육뿐만 아니라 전신 근육을 움직이게 되어 혈액 순환을 좋게 한다. 이와 함께 뇌의 활성화에도 도움이 된다. 다리와 허리가 아플 때는 잠시 쉬었다가 다시 걷도록 하자.[43, 44]

⑤ 자신에게 맞는 요통 체조를 할 것 : 다양한 요통 체조가 고안되었지만 검증된 것은 아니다. 라디오 체조에서부터 체육관에서 하는 운동요법까지 다양하지만, 재활 전문의나 물리치료사, 작업치료사 등과 상담하는 것도 좋은 방법이다.

⑥ 위를 보고 누워서 휴식을 취할 것 : 허리뼈나 근육에 가장 무리가 가지 않는 자세는 위를 보고 눕는 자세이다. 요통이 있는 경우에는 이 자세로 두발 운동하는 것이 좋다.

⑦ 앞으로 구부리지 않을 것 : 앞으로 구부리면 허리뼈에 더욱 힘이 가해지고, 무거운 짐을 들면 더욱 허리에 부담이 된다.

⑧ 오랫동안 같은 자세로 앉아 있지 않을 것 : 앉아 있더라도 가능한 허리 근육을 움직이는 것이 좋다. 또 앉은 상태에서 무거운 물건을 들지 않아야 한다. ⑦에서 말했듯이, 이 자세에서도 마찬가지로 허리에는 부담이 된다.

⑨ 철봉 등에 매달릴 것 : 자가 견인요법이라고 할 수 있다. 철봉에 매달려서 발을 움직이면 더욱 효과적이다.

---

42 Choi BK, Verbeek JH, Tam WW, Jiang JY. Exercises for prevention of recurrences of lowback pain. Cochrane Database Syst Rev. 2010 Jan 20(; 1):CD006555.

43 Sorensen PH, Bendix T, Manniche C, Korsholm L, Lemvigh D, Indahl A. An educational approach based on a non-injury model compared with individual symptom-based physical training in chronic LBP. A pragmatic, randomised trial with a one-year follow-up. BMC Musculoskelet Disord. 2010 Sep 17;11:212.

44 Foster NE, Anema JR, Cherkin D,et al.:Prevention and treatment of low back pain: evidence, challenges, and promising directions. Lancet 2018;391(10137):2368-2383.

무릎은 왜 아플까? - 다양한 무릎 통증

러너의 무릎(runner's knee)은 '슬개골 대퇴 통증 증후군'이나 '슬개골 대퇴 스트레스 증후군', '전슬 통증 증후군' 등으로도 불린다. 이 질환은 무릎을 움직일 때(특히 달릴 때) 슬개골의 뒤쪽과 대퇴부의 뼈(대퇴골) 하단이 스쳐 통증이 생기는 것으로 알려져 있다. 슬개골은 뼈가 원형으로, 무릎 주위의 인대나 힘줄이 연결되어 있어서 정상적인 상태라면 슬개골이 희미하게 상하로 움직여 대퇴골과 부딪칠 일이 없다(**그림 3-34**).

걷거나 뛸 때 다리를 과도하게 움직이면 무릎관절이 안쪽으로 비틀리면서 슬개골을 안쪽으로 잡아당긴다. 한편 슬개골에 붙어 있는 대퇴사두근은

그림 3-34 : 러너의 무릎(슬개골 대퇴 통증 증후군)

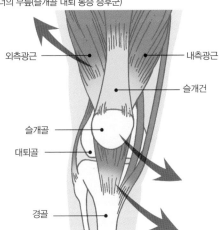

무릎관절이 내측으로 비틀어져 슬개골이 안쪽으로 잡아당겨진다. 슬개골에 붙어 있는 대퇴사두근(내측광근, 외측광근)은 슬개골을 바깥으로 잡아당긴다. 이렇게 상반된 힘이 작용하여 슬개골 뒤쪽과 대퇴골 말단이 스쳐 통증을 일으킨다.

슬개골을 바깥으로 잡아당긴다. 이렇게 상반된 힘이 작용하여 슬개골 뒷부분과 대퇴골 말단 부분이 스치면서 통증을 일으킨다. 미국에서는 젊은 10대의 3분의 1이 이 증후군을 호소한다. 운동을 많이 하지 않는 일본의 청년들은 어떨까? 우려되는 부분인데, 데이터가 없으면 알 수 없다.

러너의 무릎은 구조적인 문제가 원인이 되어 발생하기도 하는데, 예를 들면 슬개골 위치가 정상보다 너무 높거나 너무 낮을 때, 슬개골과 근육의 위치가 어긋날 때, 무릎의 안정에 도움 되는 대퇴부의 근력이 약할 때, 종아리 근육이 약할 때, 아킬레스건이 단단할 때이다. 대퇴부 근력이 약해서 슬개골이 옆으로 이동해 대퇴부 뼈와 스치게 된다는 의견도 있다. 또 보행 중이나 러닝 중 체중이 새끼발가락 쪽에 과도하게 실리는 상태를 들 수 있다.

러닝 중 통증이나 부기가 발생하면 슬개골 뒤쪽 주변으로 집중된다. 처음에는 내리막길에서만 느껴졌던 통증이 점점 위치와 상관없이 발생해, 결국 달리기 이외의 움직임(특히 계단을 내려갈 때)에서도 통증이 동반된다.

이때는 통증이 나을 때까지 달리면 안 된다. 다만 자전거나 보트, 수영은 가능하다. 근육의 약화가 원인인 경우 대퇴부 뒤쪽 근육과 앞쪽 근육(대퇴사두근)의 스트레칭이나 슬개골을 안쪽으로 잡아당겨 근육(내측광근)을 강화하는 운동이 효과적이다. 또 전문의와 상담하여 신발의 족저궁 부분에 발에 맞는 안창을 깔면 효과를 볼 수 있다. 통증이 심할 때는 소화 진통제를 복용하거나 국소 부위를 냉각시키고, 서포터로 반고정시키면 대체로 경과가 좋다. 일부 구조적인 질환의 경우에는 수술한다.

변형성 무릎 관절증

근력 저하나 노화, 비만 등의 원인으로 무릎관절의 연골이나 반월판이 느슨하게 맞물리거나 변형되고 단열이 발생하며, 때로는 염증으로 관절액이 과잉 축적되어 통증이 나타나는 질환이다.

후생노동성에 따르면 일본의 환자 수는 약 700만 명으로 추정된다. 50세 이상의 여성 74.6%, 남성 53.5%가 변형성 무릎 관절증 환자라고 한다(요시무라, 2005년). 무릎 관절의 쿠션 역할을 하는 무릎 연골이나 반월판이 장기간에 걸쳐 조금씩 깎여 변형되어 발병하는 것(일차성)과 류머티즘 관절염이나 무릎 상처 등 다른 원인으로 발병하는 것(이차성)이 있다.

정상적인 무릎에서는 히알루론산을 함유한 관절액이 관절 사이를 메워 무릎을 유연하게 움직이게 하고 영양을 보충해 준다. 또 인대는 관절의 뼈와 뼈를 안정적으로 이어준다. 처음 관절 연골에 장애가 생기면 결국 장애 범위가 반월판 단열이나 인대 장애 등으로 확산한다. 이로 인해 관절염이 생기고 관절액이 과잉 축적되는 증상(무릎 관절 수증)을 일으킨다. 그러면 관절 안의 히알루론산 농도가 저하되어 더욱 유연함을 잃게 된다.

초기에는 계단을 오르내릴 때나 발걸음을 뗄 때 통증이 있고 정좌나 웅크리는 자세가 힘들어진다. 증상이 진행되면 기상 시 무릎이 뻣뻣하고 관절 염증이 생긴다. 여기에서 더 진행되면 대퇴골과 경골이 직접 닿아 심한 통증이 나타나고(p.128 **그림 3-35**) 보행이 힘들어지며, 경우에 따라서는 무릎 통증이 없어지지 않는 상태가 되기도 한다.

O자 다리와 관련이 있다는 의견도 있다. 질환 구조는 아직 밝혀지지 않았지만, 노화와 함께 발병하기 쉽고 중년층과 노년층의 비만 여성에게 많이 나타난다. 혈액 검사에서 혈당 수치가 높으면 당뇨병이나 신경장애성 관절증도 의심할 수 있다. 소염진통제를 복용하거나 기구 장착, 재활과 같은 보

그림 3-35 : 변형성 무릎 관절증(종단면)

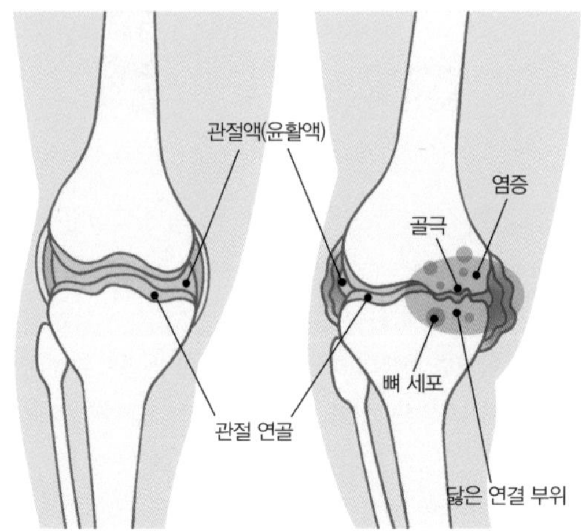

(좌) 정상적인 무릎 관절 / (우) 변형성 무릎 관절증의 무릎 관절. 관절 연골이 닳아 관절강이 좁아져 뼈끼리 맞닿아 있다.

존 요법에서 효과가 없을 때는 수술요법을 선택한다.

이 질환은 생활 습관이 원인이 되어 발병하는 경우가 많기 때문에, 과도한 운동을 피하고 식생활을 개선하여 몸무게를 줄여야 한다. 동시에 적절한 운동으로 근력을 유지해 무릎에 부담을 줄이는 것도 효과적이다. 이것만으로도 통증을 줄이거나 진행을 늦출 수 있다. 수술에는 관절경으로 실시하는 간단한 수술과 무릎관절의 뼈 자체를 인공 관절로 교체하는 수술이 있다.

무릎 류머티즘 관절염

변형성 무릎 관절증과 달리 이 질환은 20~50세에 발병한다. 어떠한 전조 증상도 없이 갑자기 발병하는 경우가 많으며, 증상은 몇 년에 걸쳐 서서히 진행된다. 몸의 양쪽 관절이나 다른 관절에서 동시에 발생하는 것이 특징이다. 통증이 나타나는 부위가 이동해 손가락 관절이나 손목, 팔꿈치, 어깨를 포함한 모든 관절에서 발생한다.

통증뿐만 아니라 관절이 붓거나 염증이 생기기도 하며 특히 아침에 뻣뻣함을 느낀다. 가장 많이 나타나는 부위는 체중이 실리는 다리 관절이고, 그 다음으로는 고관절이다. 관절 통증과 함께 종종 나른하거나 피로감을 느끼기도 하며, 갑자기 마르거나 발열을 동반하기도 한다. 여성에게 많이 나타나고(75%가 여성), 자가면역질환이다. 발병에는 유전적인 요인이 의심되는데, 아직 정확히 밝혀지지는 않았다.

또 심장이나 피부 등 다른 조직이나 장기에 영향을 미쳐 피로감이 느껴지거나 체중이 감소하고 독감과 비슷한 증상 등이 나타난다. 염증이 진행되면 활막 손상이나 관절의 영구적인 파괴로 이어진다(p.130 **그림 3-36**). 이 질환의 70~80% 환자들은 혈액 검사에서 류머티즘 인자(시트룰린 펩타이드 항체)가 양성 반응을 보이고, 염증을 나타내는 적혈구 침강속도가 빨라져 혈액 속 C반응성 단백질(CRP)의 레벨이 높다. 골 파괴 정도를 파악하는 데엔 자기공명영상(MRI) 검사가 유용하다. 또 관절액의 염증 물질 분석도 진단에 도움 된다.

류머티즘 관절염은 초기에 최대한 적극적으로 치료하면 진행을 늦출 수 있으며, 대부분의 무릎 통증을 제대로 관리할 수 있다. 통증을 없애고 항류머티즘제를 복용하거나 스테로이드 등으로 치료한다. 다만 스테로이드의 장기 사용은 추천되지 않으며, 약을 선택할 때는 전문가와 상담하는

그림 3-36 : 류머티즘 관절염 병변

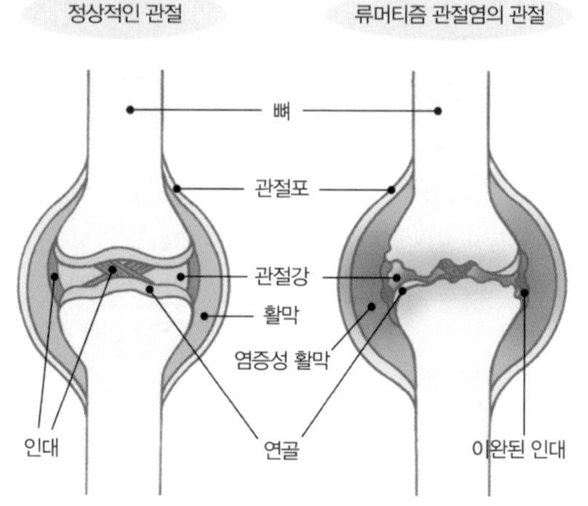

(좌) 정상적인 관절. 연골은 쿠션 역할을, 관절액은 윤활유 역할을 한다 / (우) 류머티즘 관절염의 관절. 염증에 의해 활막이 두꺼워져 연골을 덮어 뼈나 연골, 인대가 파괴된다.

것이 좋다.

수술로 류머티즘 염증으로 생긴 혹 염증(농염) 등을 적출하면(활막 절제술) 통증이나 운동장애를 완화할 수 있다. 파괴된 관절을 떼어내어 인공관절과 교체하거나(인공관절 치환술), 파괴된 관절을 고정하여 안정시킨 다음 통증을 없애거나(관절 고정술), 변형된 발가락 관절을 잘라내 교정하거나(관절 절제술 · 형성술), 끊어진 힘줄을 연결하거나 이식(건(힘줄) 성형술)하는 수술 등이 있다. 재활치료에는 운동요법이나 물리요법, 작업요법, 기구 착용 등으로 삶의 질을 개선한다.

또 통증진료과에서는 다리의 혈액순환을 개선시키고 통증을 완화할 목적으로 요부 교감신경절 차단이나 경막외 차단 등을 실시한다. 개인적으로는 하루에 여러 번 팔이나 발 관절을 가능한 범위에서 움직이고, 스스로 움직일 수 없을 때는 다른 사람이 움직여 주며, 관절이나 전신을 움직이는 '류머티즘 체조' 등을 활용한다. 몸이 따뜻해지는 욕조 체조나 관절에 부담을 주지 않는 온수 풀 운동 등도 좋다.

자립을 위해 필요한 입욕 · 식사 · 배설 · 이동 · 의복 탈착 · 가사 등의 일상적인 동작을 확인하고, 자신의 상태를 파악하는 것도 중요하다. 경추에 증상이 있어서 아탈구를 일으킬 경우에는 목의 과도한 운동은 위험하므로 주의가 요망된다.

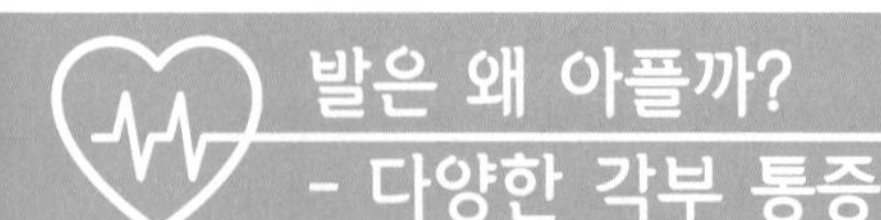

발은 왜 아플까?
- 다양한 각부 통증

무릎 아래의 통증은 골격 질환이나 신경 질환, 대사 질환에서 오는 합병증, 혈관 병변에 의한 질환, 종양 등 다양한 질환이 원인이 되어 나타난다. 발의 뼈나 힘줄, 근육 질환은 대부분이 사람이 두 발로 걸을 수 있게 되면서 부담이 가중되어 발병하게 되었다.

● 무지외반증

엄지발가락이 바깥쪽(새끼발가락 쪽)으로 굽는 병이다. 평발(족저궁이 없는 발)이나 개장족(발등이 옆으로 넓어진 상태) 등 발 형태가 비정상으로 바뀌면서 신발이 딱 맞지 않는 상태이거나 생활 습관이 주된 원인인 것으로 알려져 있다.

발가락이 심하게 굽으면 발이 아파서 걸을 수 없게 되거나 발이 변형되어 평소 신던 신발을 신을 수 없게 된다. 그런데도 무리하게 신발을 신어 발을 덮은 상태에서 걸으면 발이 쉽게 피로해져 무릎이나 고관절에까지 통증이 퍼진다. 게다가 자세가 나빠져 어깨 결림과 두통까지 동반할 수 있다. 일단 무지외반증이 되면 자연적으로 회복하는 것은 불가능하다. 통증이 가벼워져도 방심하면 몇 년 후에 다시 변형되어 더욱 통증이 심해진다.

질환이 진행되면 엄지발가락 이외의 발가락도 바깥쪽으로 굽고 탈구되어 발가락을 펴는 것이 힘들 수도 있다. 이렇게 되면 수술 이외에는 치료 방법이 없다. 심해지기 전에 여유 있는 신발을 신거나 기구를 사용하여 질환의 진행을 억제해야 한다.

발에는 발뒤꿈치와 엄지발가락 연결 부위와 새끼발가락 연결 부위를 기준으로 족저궁(내측 세로 아치), 엄지발가락과 새끼발가락 사이의 가로 아치, 새끼발가락과 발뒤꿈치 사이의 외측 세로 아치 총 세 개의 아치가 있다

(**그림 3-37**). 이 세 개의 아치가 제대로 자리 잡고 있으면 쿠션 역할을 하여 발에 균형이 잡힌다. 아치가 균형을 잃으면 피로나 발바닥 통증 등 발에 장애가 생기는 것은 물론 무지외반증이나 중족골골두통과 같은 발 통증과 무릎통, 요통, 신체의 골격 변형, 근육통의 원인이 된다.

그림 3-37 : 세 개의 발 아치

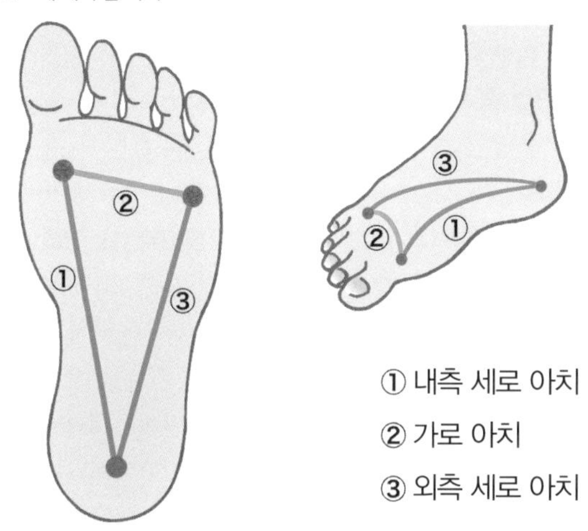

● 피로 골절

피로 골절도 발의 통증 원인 중 하나이다. 피로 골절은 뼈의 동일 부위에 크지 않은 힘이 반복적으로 가해져 발생하는, 즉 금속피로와 같은 골절이다. 달리거나 뛰는 운동을 할 때 하퇴골에 발생하는 경우가 많으며, 주로 운동선수에게 많이 나타난다. 피로 골절 부위가 붓고, 운동을 하면 아프고 쉬면 통증이 없어지는 것이 특징이다.

피로 골절이 발생하더라도 초기에는 X레이로도 발견할 수 없는 경우가 많기 때문에, 이상이 없더라도 움직였을 때 발이 아프거나 붓는다면 피로 골절을 의심할 수 있다. 잠시 운동을 중단하고 최대한 안정을 취하며 깁스나 테이핑으로 환부를 고정해야 한다. 2~3주 정도 지나면 통증이나 부기가 가라앉으며, 통증이 심할 때는 항염증 진통제를 도포하거나 복용한다.

● 넘어져서 발생하는 골절

고령자는 운동 기능이 떨어지기 때문에 쉽게 넘어진다. 골절 정도나 부위에 따라 보존 치료가 좋을지 수술이 좋을지는 전문가가 아니면 판단할 수 없으므로, 타박상 부위의 통증이 지속되거나 움직일 수 없거나 혈종이 있을 때는 전문가와 상담하는 것이 좋다.

고령자는 골절로 인해 누워서 지내야 하는 경우가 있으므로 주의해야 한다. 지팡이가 있으면 균형을 잡는 데에 도움이 되므로, 조기에 지팡이나 보행기를 사용할 것을 권장한다. 고령자는 뼈가 물러져서 대퇴골의 경부 골절이나 상완골의 경부 골절, 손에 가까운 노뼈 부위 골절, 척추골의 압박 골절 등이 자주 발생한다.

고령자뿐만 아니라 골다공증이 있거나, 장기간 스테로이드제를 사용한 치료를 받았거나, 화학요법을 실시한 환자 역시 각별히 주의해야 한다.

● 통풍

혈액에 요산이 쌓여서(고요산혈증) 관절염을 초래하는 질환이다. 바람만 닿아도 아프기 때문에 이러한 병명이 붙었다는 설이 있다. 통풍 발작은 처음 엄지발가락의 MP 관절(발가락 연결 관절)에 자주 나타난다(**사진 3-38**). 관절에 격렬한 통증이 있고 국소 부위의 발열을 동반한다. 증상이 진행되면 족관절이나 무릎관절까지 퍼진다. 통풍 환자의 75%에서는 발작하지 않을 때도 혈액 검사에서 고요산혈증이 나타난다. 그러나 이 수치가 정상이라고 해서 통풍이 아닌 것은 아니다.

이 질환의 관절염은 관절 주머니(관절포)에 석출된 요산 결정에 대한 염증 반응이다. 따라서 고요산혈증이 원인 중 하나라고 할 수 있다. 다만 고요산혈증 환자 중 실제로 통풍을 일으키는 환자는 매우 드물다. 통풍을 일으

사진 3-38 : 무지의 MP 관절이 변형된 통풍 환자의 발(왼쪽 발)

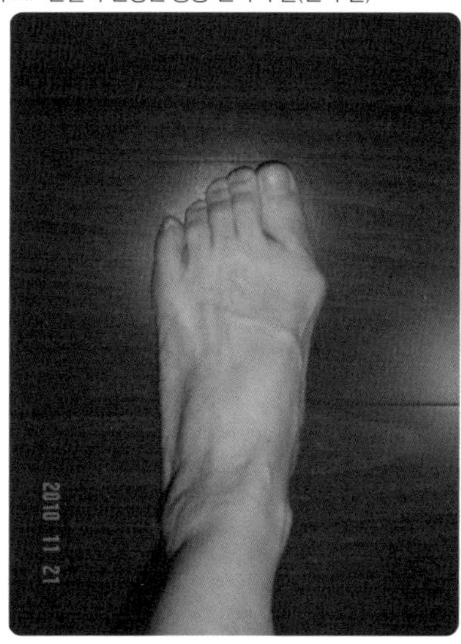

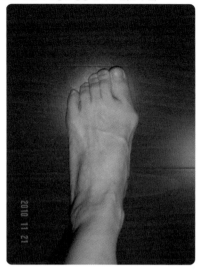

키는 직접적인 원인이 따로 있다고 판단하여 고요산혈증 환자에게 요산 수치를 내리는 약을 처방하지 않는 임상의도 있다. 실제로 고요산혈증의 치료제에 의해 급격히 요산 수치가 내려갔을 때도 통풍 발작이 나타날 수 있다.

환자의 90% 이상이 남성으로, 맥주를 많이 마시는 사람은 더욱 위험이 심해진다. 요산이란 푸린체라고 하는 물질의 대사산물로, 푸린체를 많이 섭취하면 고요산혈증, 더 나아가서는 통풍에 걸릴 확률이 높은 것으로 알려져 있다. 육류나 생선에 함유된 푸린체는 통풍 위험을 높이지만, 채소에 함유된 푸린체(콩류)는 그렇지 않다. 설탕이 많이 들어간 음료나 과일 주스 섭취도 통풍 위험을 높인다.

다만 식습관으로 통풍 발작을 예방하는 것은 매우 어려우며, 그 외 정신적인 스트레스나 수분 섭취 부족도 발병의 원인이 된다. 평소 의식적으로 수분을 많이 섭취하여 배뇨를 통해 혈중 요산을 체외로 배출함으로써 요산 농도를 낮게 유지할 것을 권장한다. 관절 천자액 검사에 의한 백혈구(다형핵 세포) 증가와 요산 결정 검출로 85% 정도 진단을 내릴 수 있다.

치료 방법에는 호중구의 활동을 억제하는 약(콜히친)이나 항염증 진통제 복용, 환부 관리(안정 보호), 충분한 수분 섭취를 통한 요산 배출, 요산 수치 상승 요인의 배제, 이렇게 5가지가 있다. 통증이 심한 환자는 절대로 환부를 움직이거나 입욕해서는 안 된다. 또 발작 1개월 이내에는 요산 수치를 내리는 약을 먹으면 안 된다. 이 시기에는 요산 수치를 내리는 약이 통풍 발작을 일으킬 수 있기 때문이다.

고요산혈증 환자는 예방 차원에서 요산 생성 억제제인 알로퓨린올이나 요산 배출 촉진제인 벤즈브로마론, 프로베네시드를 복용하면 고요산혈증을 개선할 수 있다. 과도한 음주나 푸린체 섭취를 삼가고 충분한 수분 섭취, 소변의 알칼리성 유지, 운동, 스트레스 해소 등을 권장한다. 최근에 유전적인 요인과의 관련성도 지적되고 있어서, 친형제 중 이 질환에 걸린 사람이 있는 경우는 특히 일상생활에 조심해야 한다.

이뇨 작용을 하는 녹차, 홍차, 커피 등을 많이 섭취하여 배뇨의 양을 늘리면 그만큼 많은 요산을 체외로 배출할 수 있다. 그러나 이뇨 작용이 지나치면 탈수증상을 일으켜 오히려 증상이 악화되거나 요로 결석이 생길 수도 있다. 구체적으로는 산책과 같은 유산소 운동이나, 염분이 적고 칼로리가 낮은 식사, 칼륨을 많이 함유한 식품(해조류 등) 섭취, 충분한 수분 보충과 목욕, 충분한 수면 등이 예방과 치료에 효과가 있다.

● 발뒤꿈치 통증 증후군

종골극(**그림 3-39**)은 발뒤꿈치 뼈가 비정상적으로 증식하는 것으로, 발뒤꿈치 뼈의 힘줄이나 뼈에 부착된 줄기(근막)가 과도하게 당겨져서 발병

그림 3-39 : 종골극의 비정상적인 증식(발뒤꿈치 통증 증후군)

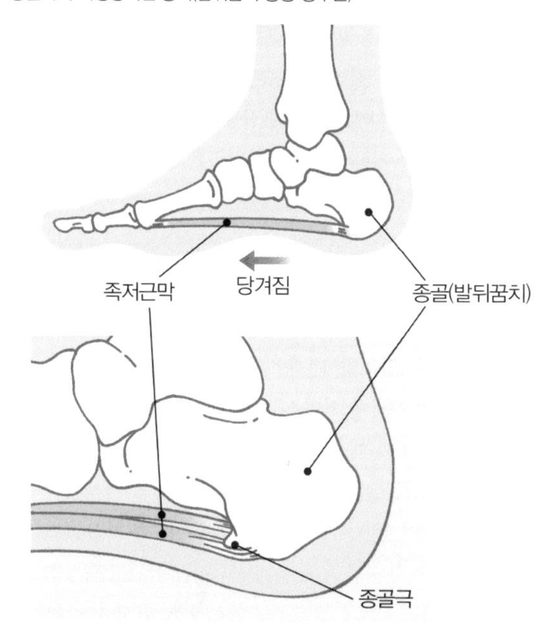

한다. 종골극(발뒤꿈치 뼈 돌기)은 흔히 볼 수 있는 증상인데, 통증이 동반되지는 않으나 주변 조직에 염증이 생기면 통증이 나타날 수 있다.

초기에는 주로 아침에 일어나 처음 걸을 때 통증을 느끼는 경우가 많다. 또 오랫동안 앉아 있다 걸을 때도 통증을 느낀다. 발뒤꿈치 뒤쪽 족저궁이 시작되는 부분을 눌렀을 때의 통증 여부로 진단을 내릴 수 있다. 발뒤꿈치 중심 부분을 눌렀을 때 통증이 있으면 아킬레스건 활액포 염증(다음 내용 참조)을 유발할 수 있다.

치료는 통증을 줄이는 것을 목표로 한다. 발이나 족저궁 부분에 패드를 넣거나 테이핑, 교정 기구를 사용하여 발뒤꿈치를 안정시키면 근막이 늘어나는 것을 최소한으로 줄일 수 있어서 통증을 줄일 수 있다. 발뒤꿈치에 쿠션이 있거나 바닥이 부드러운 신발을 신는 것도 도움이 된다. 종아리 스트레칭이나 마사지도 효과적이다. 통증이 심할 경우 스테로이드제와 국소마취제의 혼합액을 통증 부위에 주사하는 방법도 있다.

대부분의 통증은 수술하지 않아도 해소된다. 다른 치료법을 사용해도 통증이 개선되지 않는 경우에는 수술로 골극을 절제하거나 발뒤꿈치 뒤쪽 골극에서 발가락 연결 부위까지 늘어나는 조직 다발(족저근막)을 절제하는 치료법을 실시한다. 때로는 수술 후에도 통증이 지속될 때가 있다.

- **아킬레스건 활액포염** : 아킬레스건의 연결 부위로 종골(발뒤꿈치뼈) 뒤쪽 위에 있으며, 아킬레스건과 종골 사이에 끼어 있는 활액포가 이 부위로 가는 기계적 자극에 의해 염증을 일으키는 것이다(**그림 3-40**). 신발의 자극으로 발병하는 경우가 많으며, 젊은 여성에게 많이 나타난다. 급

그림 3-40 : 아킬레스건 활액포염

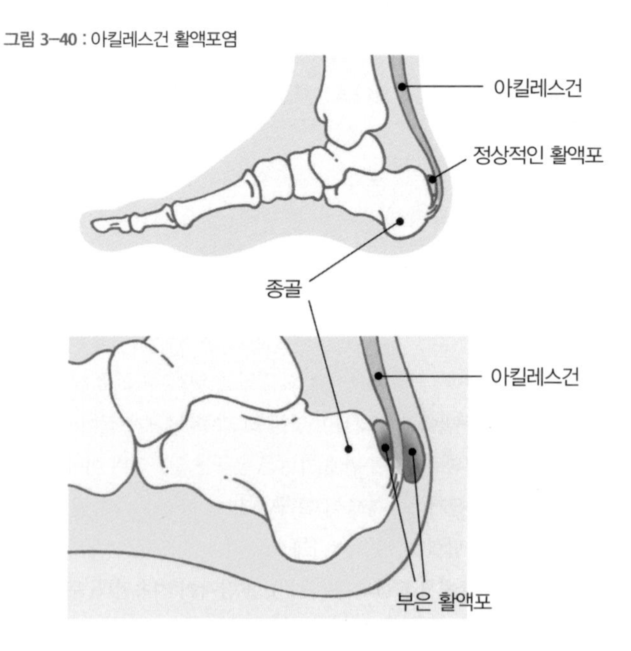

성기에는 뒤꿈치 뒤쪽 윗부분이 빨개지거나 붓게 되는데, 만성화하면 딱딱해지고 두꺼워진다. 발 관절을 발바닥 쪽으로 굽혔을 때 통증이 있거나 국소 부위의 압통이 있을 수 있다.

아킬레스건 활액포염은 증상과 진찰 소견을 바탕으로 진단할 수 있는데, 골절이나 류머티즘 관절염, 그 외 관절염과 비교하여 구분할 필요가 있다.

염증을 가볍게 하고 발뒤꿈치 압박이 완화되도록 신발을 조절하거나, 고무나 펠트로 된 패드를 신발에 넣으면 발뒤꿈치에 대한 압력이 줄어든다. 종아리를 뻗을 수 있는 신발을 신거나 활액포 주변에 패드를 대는 것도 효과적이다.

또 발뒤꿈치 뒤쪽이나 아킬레스건의 염증을 완화하는 신발도 판매되고 있다. 통증이 심할 때는 비스테로이드성 항염증제를 도포하거나 스테로이드제와 국소마취제의 혼합액을 염증이 있는 활액포에 주사하기도 한다. 통증이 지속될 경우에는 뒤꿈치 뼈 일부를 절제한다.

그 외 무지구(발바닥의 엄지발가락 연결 부위가 부은 부분) 통증에는 다양한 원인(관절염, 혈류장애, 발가락 신경 조임, 비정상적인 중족골(p.140 **그림 3-41**)의 길이와 위치 등)이 있다.

그러나 가장 많이 나타나는 것은 신경 손상이나 중족골 통증(노화에 의한 발의 변화가 원인이 되어 발생)이다. 무지구 통증은 신경을 감싸는 조직의 증식(신경종)에 의해서도 발생한다. 이러한 증식은 모든 발가락에 나타날 수 있는데, 보통은 제3지와 제4지 사이에 나타난다(모르톤 신경종, p.141 **사진 3-42**).

- 신경종 : 보통 한쪽 발에만 나타나며 남성보다 여성에게서 많이 볼 수 있다. 초기에는 제3지와 제4지 주변에 가벼운 통증을 일으키며 이따금 발가락에 타는 듯한 따끔거리는 통증이 나타난다. 이 통증은 끝이 뾰족한 신발을 신어 발이 답답할 때 두드러지게 나타난다. 증상이 진행되면 어떤 신발을 신어도 발끝에서 확산되는 타는 듯한 감각이 지속된다. 무지구 안

그림 3-41 : 발바닥(좌)과 발등(우)으로 본 사람의 발뼈

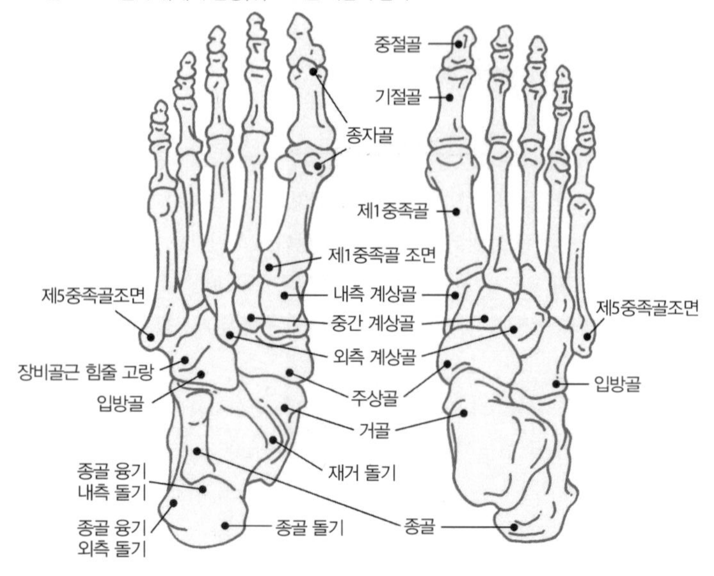

에 유리구슬이나 작은 돌이 들어 있는 것 같은 느낌이 드는 사람도 있다. 통증을 느끼는 부위에 스테로이드제와 국소마취제의 혼합액을 주사하는 방법으로 치료하고, 교정용 신발을 신으면 증상이 가벼워진다. 효과가 없을 때는 수술로 신경종을 절제하면 통증이 해소되지만, 그 부위의 저림이 오래 지속되기도 한다.

- 중족골(발허리뼈) 통증 : 중족골두(중족골 끝부분, **그림 3-41**)의 충격을 완화하고 보호 패드 역할을 하는 지방이 감소해서 발생하며, 노화와 함께 나타난다. 방치하면 각각의 발가락 중족골두 아래에 위치하는 관절주머니(활액포)에 염증이 생긴다(중족골 활액포염). 쿠션을 넣은 특별한 신발을 신거나 무게 중심을 무지구에서 발 전체로 분산시키는 교정용 신발을 신으면 도움이 된다.

사진 3-42 : 모르톤병

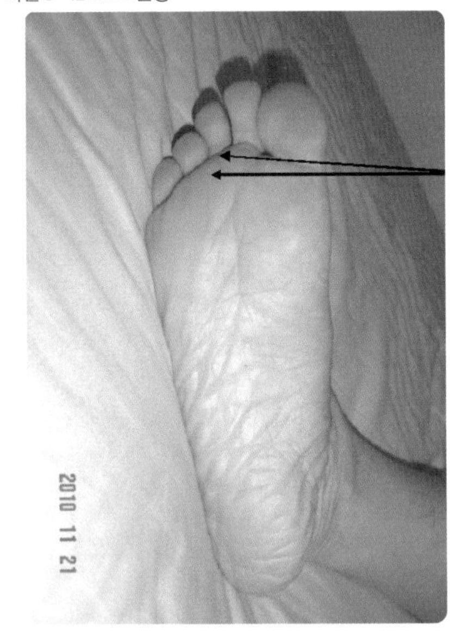

이 부분(제3, 4종 연결 부위)에 통증과 저림 증상

71세 · 남성. 제3지와 제4지(중지, 약지) 연결 부위에 통증과 저림 증상을 호소했다. 스테로이드제와 국소마취제의 혼합액을 주사하였지만 좀처럼 통증이 사라지지 않아 동시에 요부 경막외 차단을 실시하자 약 1개월 만에 개선되었다.

- 발끝 관절통 : 엄지발가락을 제외한 네 발가락의 관절 통증은 자주 볼 수 있는 증상으로, 관절이 어긋나 발병하는 것으로 알려져 있다. 발의 세로 아치가 높아지거나 낮아짐으로 인해 관절이 어긋나며, 발가락이 굽은 상태가 된다(해머 발가락). 이렇게 되면 굽은 발가락이 항상 신발과 마찰되어 관절상 피부가 두꺼워져 티눈이 생기기 쉽다(p.142 **그림 3-43**). 발가락 관절이 어긋나서 짓눌리는 압박을 제거하기 위해 깊은 신발 신기, 발끝 부분에 보호용 기구 대기, 족저궁 모양에 맞는 안창 깔기, 굽은 발가락을 외과수술로 똑바로 펴기, 티눈 제거하기 등 증상에 맞춰 치료한다.

- 무지 강직증 : 주로 엄지발가락의 연결 부위에 만성적인 관절염('변형성 관절증' 참조)이 있을 때 나타난다(p.143 **그림 3-44**). 평발이거나 엄지발가락이 긴 사람, 안짱다리인 사람은 이 질환이 발생하기 쉽다. 서거나

그림 3-43 : 해머 발가락, 말렛 발가락, 갈퀴 발가락

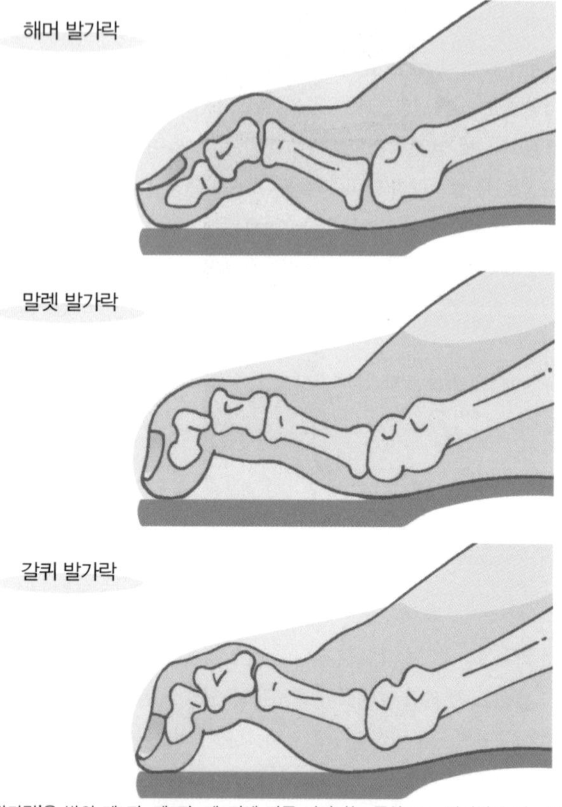

'해머 발가락'은 발의 제2지, 제3지, 제4지에 자주 나타나는 증상으로, 발가락 끝이 굽어서 펼 수 없게 된다. 발에 맞지 않는 신발을 오랫동안 신으면 발병한다.
'말렛 발가락'은 발가락의 제1관절에서 아래쪽으로 굽은 상태이다. 해머 발가락과 말렛 발가락 모두 하이힐 착용으로 인한 나쁜 발가락 자세가 원인이다.
'갈퀴 발가락'은 발의 신경 장애, 예를 들면 당뇨병성 신경염이나 류머티즘, 알코올중독, 뇌졸중이 있을 때 나타난다.

걸어서 발의 세로 아치가 낮아지면 발이 안쪽을 향하게 된다(회내). 발의 회내에 의해 엄지발가락 관절 부하가 증가하여 통증이나 관절 변형증이 생기며, 관절 운동이 제한된다. 이 통증은 발에 맞지 않는 신발이나

너무 부드러운 신발을 신으면 악화되고 엄지발가락을 움직이면 아프다. 신발 바닥이 딱딱하게 보강된 신발이 통증 완화에 도움 된다.

방치하면 걸을 때 점점 엄지발가락을 굽힐 수 없게 된다. 통풍도 같은 부위에 심한 통증이 발생하는데, 통풍의 경우는 엄지발가락의 연결 부위와 닿으면 열감이 느껴진다. 국소마취제를 통증 부위에 주사하면 통증이 줄어들고, 근육 경련도 발생하지 않아 관절을 편하게 움직일 수 있다.

스테로이드제로 염증을 억제하는 효과를 볼 수도 있다. 주사로 통증이 사라지지 않을 때는 어긋난 관절을 수술로 치료하면 통증이 줄어든다.

그림 3-44 : 상태가 심각한 무지 강직과 무지 외반

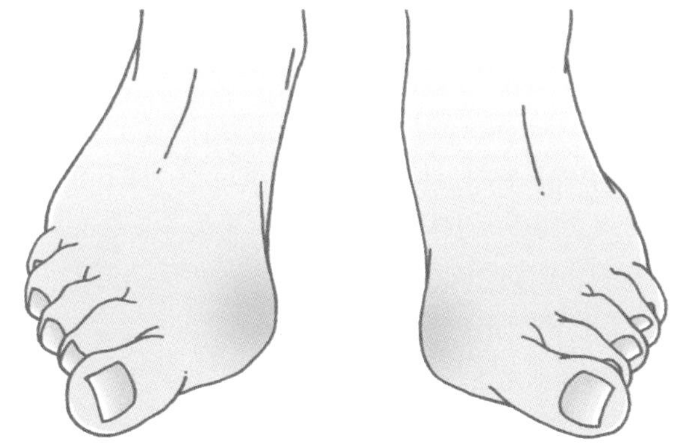

제1중족골이 안쪽으로 휘고, 제1중족지절관절에서 무지 기절골이 밖으로 휘어, 중족골 골두가 안쪽으로 부풀어 올라 '<' 모양으로 변형된 것이다. 양쪽 엄지발가락이 MP 관절 부분에서 바깥쪽으로 심하게 휜다.

복합부위 통증 증후군(CRPS)

신체의 다른 부위에도 나타나지만 주로 발에 많이 나타나기 때문에 여기에서 설명하겠다. 복합부위 통증 증후군(CRPS)이란 골절이나 염좌, 타박상 등 외상이나 수술에 의한 신경 손상이 원인이 되어, 만성적인 통증과 부종, 비정상적인 피부 온도와 발한 등의 증상이 나타나는 난치성 만성 통증 증후군이다(**사진 3-45**). 이전에는 증상이 가벼우면 '반사성 교감신경 디스트로피', 무거우면 '카우살지아'라고 불렸다. 1994년 국제통증학회(IASP)의 만성 통증 분류에서 반사성 교감신경 디스트로피와 카우살지아는 각각 CRPS 타입 I · 타입 II로 부르게 되었다.

'복합'이란 이 증상이 나타나는 환자들의 상태가 악화되는 과정에서 통증이 복합적으로 변화함을 의미한다. 시기에 따라서는 자율신경 증상이 주가 되기도 하고, 염증 증상이 주가 되거나 피부 증상, 운동 장애, 영양 장애(디스트로피)가 발생하기도 한다. IASP는 2005년에 새로운 진단 기준을 발표하였다. CRPS의 대부분은 교감신경계의 흥분과 함께 통증이 악화된다. 따라서 교감신경 차단이 효과적인 경우가 많지만, 오히려 증상이 악화되는 ABC 증후군이라는 것도 있다.

CRPS의 진단 기준은 통증 치료를 전문으로 하는 임상의들의 논의에 의해 결정되었지만, 모든 CRPS에 공통된 증상은 없어서 현재 반사성 교감신경 디스트로피나 카우살지아라는 용어를 사용하고 있다.

왜 개인마다 증상이 다르게 나타나는지 아직 이 질환의 메커니즘에 대해서도 밝혀지지 않았다. 장애가 되어 신경이 손상되면 해당 부위의 말초 신경은 죽지만, 중추 쪽에 가까운 신경은 상처를 입어 비정상적으로 흥분한다. 통상 어느 정도 시간이 지나면 그 흥분도 가라앉지만 계속 흥분하는 신경도 있다. 이 신경은 계속 흥분 신호를 척수로 보내는데 그때 근처를 지나는 교감신경과 전기적으로 합선되어 상관없는 교감신경까지 흥분하게 된다. 그러면 교감신경계가 연속적으로 흥분해 통증과 함께 비정상적인 교감신경의 활동이 시작된다고 보는 연구자도 있다.

치료법에는 요부 교감신경절을 신경 차단하는 방법이 있으며, 이렇게 치료하면 발의 혈관이 넓어지기 때문에 혈액순환이 좋아져서 대부분은 완화된다. 약물요법에는 항염증 진통제나 항우울제, 항경련제 오피오이드 등이 사용된다. 경증에는 경피적 전기 신경 자극 치료, 중증에는 경막외 척수 자극 치료가 효과적인 경우도 있다. 재활치료로 운동을 하거나 스스로 몸이나 관절을 움직이는 것도 필요하다.

사진 3-45 : 복합부위 통증 증후군(CRPS) 타입 II가 발생한 52세 · 여성의 왼쪽 발 사례

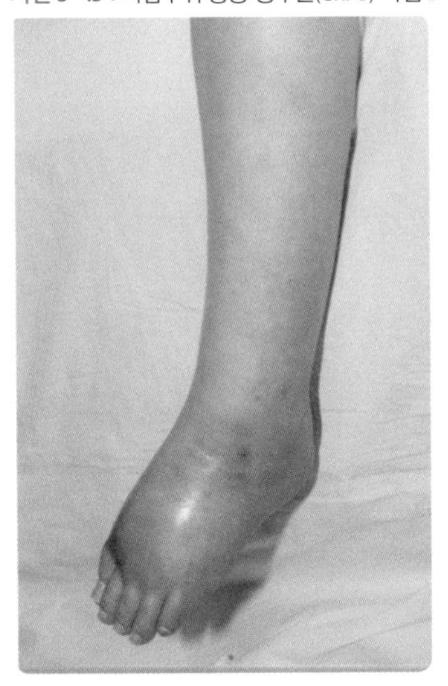

2년 전쯤 외상으로 왼쪽 발에 심한 타박상을 입은 이후 왼쪽 발 통증이 이어졌다. 바늘치료나 재활치료를 받았지만 통증이 사라지지 않았다. 발등이나 발바닥에 뭔가 닿기만 해도 강한 통증을 느껴, 목발에 의지해 왼발을 사용하지 않고 편족 보행하였다. 잘 때도 왼쪽 발이 바닥에 닿으면 아파서 왼쪽발만 침대에서 옆으로 내놓았다. 발한테스트를 해도 반응이 없고, 요부 교감신경 차단에도 반응하지 않고 오히려 악화되었다. 어쩔 수 없이 후근 진입부의 응고술을 진행하자 완화되었다. 그러나 통증 신경이 전혀 기능하지 않아 선천성 무통 무한증에서 확인할 수 있듯이 못을 밟아도 통증을 느끼지 못하고, 왼쪽 발에 열상이나 외상이 나타나게 되었다.

신경성 동통(neuropathic pain)

신경성 동통은 말초신경계 또는 중추신경계의 손상, 기능 장애가 원인이 되어 발병하는 것으로 알려져 있다. 예를 들면 신경 압박(신경종이나 종양, 추간판 헤르니아 등이 원인)과 다양한 대사 신경 장애 등이 있다. 재생된 신경막의 나트륨 채널 수의 증가와 관련 있을 것으로 추정되는데, 메커니즘은 아직 밝혀지지 않았다.

조직손상과 비교했을 때 불균형한 통증, 예를 들면 타는 듯한 통증(작열통), 찌르는 듯한 통증(자통, 통각과민), 알로디니아(닿기만 해도 아픈 것 같은 자극 등), 통각과민(보통 자극에도 불쾌하게 느낌) 등이 나타난다. 또 국소 교감신경계의 활동이 과다해지는 경우가 있으며(교감신경 의존성 통증), 대상포진 후 신경통이나 신경근 결출 손상, 외상 신경장애, 다발성 말초신경염(당뇨병 등이 원인), 중추성 통증 증후군(뇌졸중 후)도 있다.

그리고 수술 후 통증 증후군(유방절제 후 통증 증후군이나 개흉술 후 통증 증후군, 환상통 등), 복합부위 통증 증후군(반사성 교감신경성 디스트로피 및 카우살지아)을 이 질병군에 넣는 경우도 있다. 장기간 증상이 이어지고 통증의 원인을 제거해도 증상이 지속된다. 통증 기억과 관련이 있어 뇌나 척수에 새로운 신경망이 생겨서 발병한다는 의견도 있다.

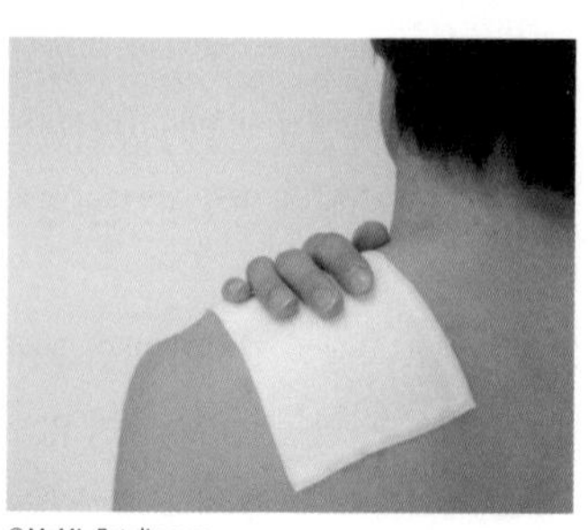
©MaMi–Fotolia.com

말초 신경에 병변이 있으면 통증 부위의 영양 변화나 운동 부족에 의한 위축(폐용성 위축), 관절 강직이 나타나므로, 운동을 통해 예방해야한다. 압박을 줄이기 위해 수술이 필요한 경우도 있다. 심리적인 요인에 작용하기 쉬워서 치료를 시작할 때부터 항상 염두에 두고 실시해야 하며, 불안이나 답답함, 불쾌함도 같이 치료해야 한다.

기능 장애가 확립된 경우에는 통증진료과에서 신경 차단 요법을 중심으로 한 포괄적인 접근이 환자에게 효과적일 수 있다. 또 재활 및 심리 · 사회적 문제를 고려하여 치료해야한다. 이 질환에는 오피오이드(마약)가 조금 효과가 있지만, 치료에는 보통 보조제(예 : 항우울제, 항경련제 바클로펜, 외용제)를 이용한다.

항우울제 및 항경련제를 가장 많이 이용하며, 삼환계 항우울제와 항경련제인 리리카, 가바펜틴은 그 유효성이 증명되었다. 습포나 바르는 약(외용제), 국소마취제를 바른 패치가 효과가 있는 경우도 있다.

발 혈관 통증은 폐색성 동맥경화증이나 심부정맥 혈전증, 하지정맥류 등에서 나타난다.

● 폐색성 동맥경화증

폐색성 동맥경화증은 주로 산소나 영양분을 나르는 동맥이 막히는 질환이다(p.149 **그림 3-46**). 발 동맥의 중간이 막히면 발가락까지 혈액이 제대로 흐르지 않아 산소나 영양이 부족해진다.

일정 거리(특히 오르막길)를 걸으면 종아리에 결림이나 통증을 느끼고, 쉬면 통증이 개선되어 다시 걸을 수 있는 증상이 나타나는데 이것을 간헐성 파행이라고 한다. 병이 진행되면 극히 짧은 거리에서도 통증을 느끼고, 더욱 악화되면 안정을 취해도 통증을 느끼며 발이 차갑고 피부가 보라색이 되고 상처가 쉽게 낫지 않으며 발가락이나 발뒤꿈치에 궤양이 생기는 괴저 상태가 된다.

폐색성 동맥경화증을 진단할 때 가장 간단하고 확실한 검사가 발의 동맥 박동을 재거나 손가락으로 맥박을 확인하는 것이다. 박동이 느껴지지 않으면 동맥이 막혀 혈액이 제대로 흐르지 않는 것이다. 촉진이 가능한 부위는 발의 연결 부위(대퇴 동맥), 무릎 뒷부분(슬와 동맥), 복사뼈 뒷부분(내부 동맥), 발등(족배 동맥)이다. 직접 만져 보거나 다른 사람에게 부탁하여 확인한다.

통증진료과에서는 요부 교감신경절 차단을 실시하여 혈관을 확장해 혈액순환을 개선시킨다. 그리고 입원해서 지속적인 경막외 차단 요법이나 점적 요법 등을 실시한다. 중증인 경우에는 카테터 요법이나 우회술(바이패스 수술)을 실시한다.

혼자 할 수 있는 것으로는 발에 맞는 적당한 신발 고르기, 발을 청결하게 유지하기, 발톱을 짧게 깎아 상처 내지 않기, 무좀(백선균) 등에 감염되면 조기에 피부과에서 치료받기, 저온 화상 등에 주의하기 등이 있다.

급성 동맥 폐색증인 경우에는 갑자기 하지 혈류가 끊어져 다리 통증이나 무력감 · 마비, 감각 저하, 피부색 변화 등이 나타난다. 이러한 상황에서는 서둘러 혈전을 제거하여 혈류를 좋게 하는 것이 중요하며, 늦어지면 발을 절단해야 할 수도 있다.

갑자기 이러한 증상이 나타날 때는 최대한 빨리 순환기 전문 병원에서 진료받아야 한다. 또 병원 진료나 검진을 통해 심방세동 등의 질환이 있다는 것을 알았을 때는 의사의 지시에 따라 혈전을 예방하는 약(워퍼린 등)을 규칙적으로 복용해야 한다.

폐색성 동맥경화증의 원인은 동맥경화로, 생활 습관을 개선하는 것이 제일 중요하다. 담배는 혈관을 수축시키기 때문에 절대 금연해야 한다. 당뇨병은 폐색성 동맥경화증을 쉽게 진행시킬 뿐만 아니라 합병증으로 당뇨병성 괴저나 당뇨병성 신경증(발의 저림이나 통증)이 나타날 수도 있다. 걷기는 동맥경화의 진행을 억제하는 것은 물론 폐색성 동맥경화증의 치료에도 효과적이다. 인공 탄산천 족욕과 같은 민간요법이 효과가 있는 경우도 있다.

● 당뇨병성 뉴로퍼티(당뇨병성 신경장애)

당뇨병이 원인이 되어 말초 신경에 문제가 생기는 질환이다. 중증인 경우에는 하지를 절단해야 할 수도 있다.

그림 3-46 : 폐색성 동맥경화증

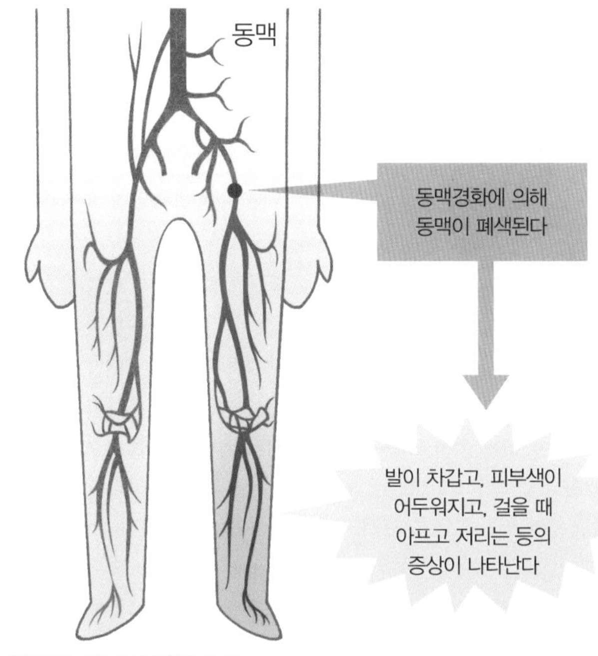
동맥
동맥경화에 의해
동맥이 폐색된다
발이 차갑고, 피부색이
어두워지고, 걸을 때
아프고 저리는 등의
증상이 나타난다

동맥경화에 의해 하지 허혈이 발생

당뇨병에 의해 혈당이 높은 상태가 지속되면 신경세포 안에 솔비톨이라는 물질이 축적된다(폴리올 대사 이상). 이 물질이 쌓이면 신경 기능에 장애가 생긴다(대사 장애). 그리고 고혈당에 의해 좁은 혈관(세소혈관)의 혈류가 나빠져서 신경의 허혈 장애가 발생한다(허혈성 장애). 당뇨병으로 인해 신경장애가 일어나는 원인은 이 외에도 신경 영양 인자와 유전적 요인 등이 관련되어 있다.

신경장애 유형에는 다발성 신경장애, 자율 신경장애, 단일신경장애 등이 있다. 가장 많은 유형이 다방면으로 증상이 나타나는 다발성 신경장애이다. 이 신경장애는 감각신경이나 운동신경의 장애로 인해 발병하는 것이다. 손

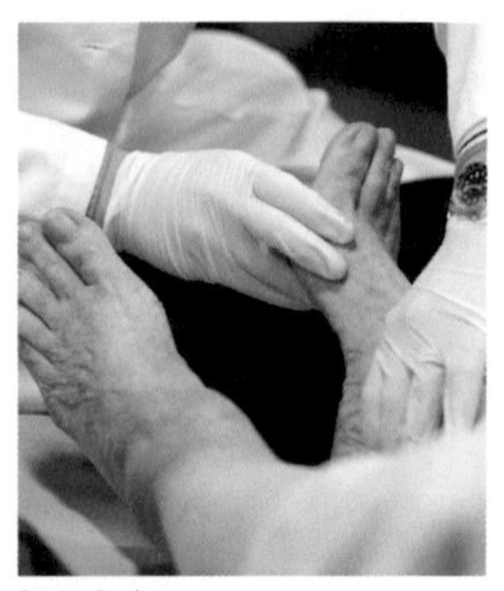
©MaMi–Fotolia.com

발 말단 부분의 통증이나 저림, 둔한 감각에서 시작되어 서서히 발끝에서 무릎으로, 손끝에서 팔꿈치로 신체 중심을 향해 퍼진다. 안정을 취할 때나 야간에 통증이 심해지며, 양쪽 손이나 발에 증상이 나타난다. 운동신경에 장애가 생기면 운동 기능이 손상된다.

자율 신경장애가 생기면 설사나 변비, 부정맥, 발한 이상, 배뇨장애(무긴장 방광), 기립성 어지럼증, 발기 장애 등의 증상이 나타날 수 있다.

그다음으로 많은 유형이 단일성 신경장애 유형으로, 신경을 관장하는 얇은 혈관이 혈전으로 막혀 신경으로 영양이 가지 않아 그 부분에만 증상이 나타나는 장애이다. 안면신경마비나 동안신경마비(한쪽 눈이 움직이지 않게 됨) 등이 그 증상이다.

원인이 대사성인지 허혈성인지에 따라 치료 방법이 다르다. 대사 장애에 의해 발생하는 다발성 신경장애는 혈당을 조절하여 치료하는 것이 제일 중요하며, 대사 이상 개선제에는 알도스 환원제(KINEDAK)가 있다.

허혈성이라면 말초 순환을 좋게 하여 혈행을 개선해야 한다. 통증이 심한 감각성 신경장애가 발생하거나 사지의 말단이 빨개지며 이상한 감각이 느껴지는 지단홍통증이 종종 나타나며, 치료하기 어려운 경우가 있다.

그리고 혈행을 좋게 하기 위해 발의 경우는 요부 교감신경절 차단이나 경막외 차단을, 손의 경우는 좌우의 성상신경절 차단, 경부 경막외 차단, 흉부 교감신경절 차단, 절제술 등을 실시하기도 한다.[45, 46, 47]

통증은 멕실레틴, 카바마제핀(항경련제), 둘록세틴(범불안장애 치료제

---

45 Vinik AI. : Management of neuropathy and foot problems in diabetic patients. Clin Cornerstone. 2003;5:38–55.
46 Mashiah A, Soroker D, Pasik S, Mashiah T. : Phenol lumbar sympathetic block in diabetic lower limb ischemia. J Cardiovasc Risk. 1995;2:467–9.
47 Bhattarai BK, Rahman TR, Biswas BK, Sah BP, Agarwal B. : Fluoroscopy guided chemical lumbar sympathectomy for lower limb ischaemic ulcers. JNMA J Nepal Med Assoc. 2006;45:295–9.

로, 일본에서는 아직 채택되지 않았음) 등으로 조절한다.

● 심부정맥 혈전증

심부정맥 혈전증은 발의 심부정맥에 핏덩어리(혈전)가 생긴 것이 막혀서 생기는 질환이다(**그림 3-47**). 발의 혈액 흐름이 막혀서 발에 부종이 생기고, 또 혈류가 정체되어 보행 시 발에서 통증을 느끼는 경우도 있다. 혈전이 발 정맥에서 심장과 폐로 흘러가면 폐동맥에서 혈전으로 막혀 폐혈전 색전증을 일으켜 호흡이 곤란해지고, 중증인 경우에는 쇼크 상태가 된다(p.162 이코노미클래스 증후군 참조).

그림 3-47 : 심부정맥 혈전증과 엄브렐러 필터

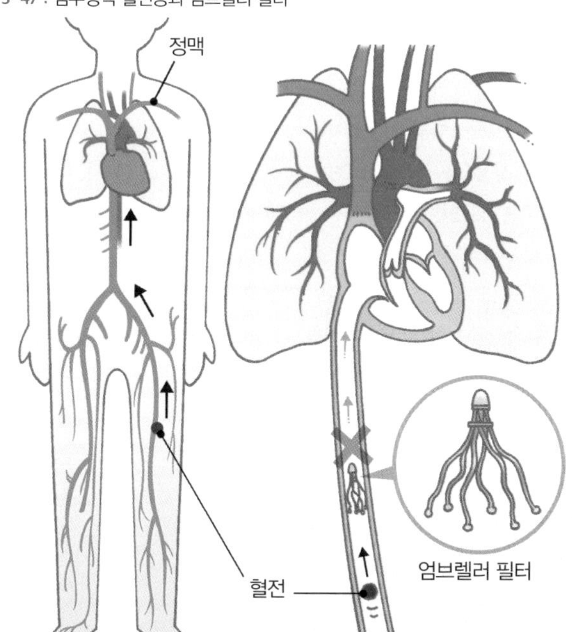

혈전이 큰 경우에는 혈전 용해제뿐만 아니라 그림처럼 드물게 정맥에 엄브렐러 필터를 설치하여 큰 혈전이 심장에 가지 않도록 예방하기도 한다.

보통 혈액이 굳는 것을 억제하는 약(항응고제)인 헤파린을 지속적으로 점적 주입한다. 또 워퍼린이라는 약을 복용한다. 다만 워퍼린 효과가 나타나기까지는 1~2주 정도 걸리기 때문에 입원 치료하는 것이 안전하다.

퇴원 후에는 워퍼린 투여량을 변경해야 하기 때문에 정기적으로 혈액 검사를 실시하여 워퍼린 효과를 체크한다. 워퍼린에는 혈액 응고에 필요한 비타민K의 작용을 저하시키는 효과가 있다.

낫토는 비타민K를 많이 함유하고 있어서 워퍼린을 복용하는 경우 먹지 않는 것이 좋다. 그리고 정맥이 확장되지 않도록 탄력 스타킹을 착용하여 발의 정맥을 가볍게 압박해 정맥 확장을 방지하는 것도 기억해 두자. 또 장기간 여행할 경우 정기적으로 발 운동을 하고, 발 정맥의 흐름이 원활하도록 신경 써야 한다.

● 하지정맥류

정맥에는 혈액의 역류를 방지하기 위한 밸브가 달려 있다. 이 밸브가 망가져 발의 피부에 가까운 정맥(표재정맥) 혈류가 역류해 표재정맥이 확장하여 혹처럼 부푼 상태가 발의 정맥류(하지정맥류)이다.

하지정맥류의 일반적인 증상은 하지가 나른해지는 것으로, 본인이 알 수 있는 심각한 자극은 별로 없다. 다만 발의 백선균(무좀)과 같은 상처에서 정맥 감염을 일으켜 정맥염이나 피하조직에 염증이 생기면 붉은색으로 변하며 통증이 생기거나 가려워진다. 또 정맥이 파괴되어 출혈이 발생

©around7seas– Fotolia.com

하면 검은색으로 변하고, 악화될 경우 피부궤양이 생길 수도 있다.

경증일 때는 정맥이 확장되지 않도록 탄력 스타킹을 착용한다. 중증인 경우에는 역류를 일으키는 정맥 밸브 부근의 표재정맥을 묶거나 서로 떼어 놓거나 국소 정맥을 단단하게 하는 주사를 놓는다. 그리고 정맥류가 광범위하게 퍼져 있는 경우에는 정맥류를 제거하는 수술이 필요할 수도 있다.

이러한 혈관성 질환을 예방하기 위해서는 고혈압이나 비만이 되지 않도록 주의해야 한다. 그러기 위해서는 비만이 되지 않도록 동물성 지방 식품이나 단 음식을 줄이고, 식물성 섬유가 많은 식사를 하며 몸을 끊임없이 움직여야 한다. 소파에 하루에 연속으로 2시간 이상 앉지 않는 것도 중요하다는 보고가 있다. 흡연이나 간접흡연을 피하는 것도 예방 차원에서 중요하다.

● 냉증

질환은 아니지만 체질이나 생활 습관, 갱년기 장애(폐경증후군) 증상 중 한 가지가 나타나는 경우가 있다. 손이나 발의 교감신경 활동 과다로 혈행이 원활하지 않다. 따라서 체질이나 생활 습관으로 인해 증상이 나타날 때는 체질 개선법, 예를 들면 운동요법이나 요가, 식이요법 등 다양한 방법을 시도해야 한다.

생활 습관이 원인인 경우, 규칙적인 생활을 하고 업무 환경을 바꿔 보는 등 여러 가지 시도를 해야 한다.

갱년기 장애란, 갱년기에 다양한 증상이 나타나는 증후군으로, 자율신경계 이상이 원인이 되어 나타나는 대표적인 증상이 자율신경 실조증이다. 생식기능의 변화가 시상하부의 신경 활동에 변화를 초래하여 다양한 신경성 · 대사성 변화를 일으키는 것으로 추정된다.

대부분의 여성은 50세 전후에 난소기능이 저하되어 폐경이 된다. 그러면 에스트로겐이 부족해지는데, 그 결과 피가 머리로 쏠리거나 발한, 불면, 기분의 불안정, 답답함과 불쾌함이 나타나는 등의 자율신경 실조증이 나타난다. 더불어 이 시기에는 자녀가 독립하거나 남편이 정년퇴직하고, 노후라는 단계에 접어드는 등 환경 변화가 발생하여 정신적으로 급격한 변화가 있는 시기이기도 하다.

호르몬 보충 요법(에스트로겐과 프로게스테론)과 한방요법(침이나 한약)으로 치료하고, 정신안정제 등을 사용한다.

그런데도 냉증이 낫지 않아 걱정된다면 전기 담요 등을 이용하고, 족욕 등을 시도해 보자.

신경 차단 요법에는 발의 혈행을 좋게 하는 요부 교감신경절 차단이나 요부 경막외 차단이 있다.

중증인 경우에는 원인을 파악하는 것이 중요하다. 전문가(정신건강의학과나 신경내과, 정신과, 정형외과, 통증진료과, 산부인과 등)를 만나 상담하도록 하자.

배는 왜 아플까? - 다양한 내장 통증

내장 기관에는 신경을 지배하는 능력이 없다. 따라서 내장에 염증이나 암이 생겨도 사람은 이를 느낄 수 없다. 다만 염증이 퍼지거나 암이 커져 내장의 표면이나 혈관 벽을 자극하게 되면 통증이나 위화감을 느낀다.

예를 들어 간에 종양이 생겨도 이 종양이 작을 때는 사람은 어떠한 자극도 느끼지 못한다. 그것이 커져서 간의 표면에 있는 막을 자극하거나 담도를 눌러 담즙의 통로를 방해하면 담도가 확장되어 외막의 통증 수용체가 자극받아 통증을 느낀다. 장도 마찬가지로 안에 종양이 생겨도 장이 폐색되어 확장해 외막이 자극되지 않는 한 통증을 느끼지 못한다.

내장에는 통증 수용체가 드문드문 있을 뿐이다. 따라서 내장 통증은 어디가 아픈지 부위를 특정할 수 없는 것이 특징이다. 또 관련통이라고 하여 반드시 그 장기가 있는 곳에서만 통증이 나타나는 것은 아니며, 신체의 다른 부위 통증으로 느끼는 경우가 있다.

예를 들면 심장발작을 일으킨다고 해서 무조건 가슴의 왼쪽이 아픈 것은 아니다. 초기 단계에는 왼쪽 새끼손가락이나 왼쪽 상완, 왼쪽 쇄골이 아프거나 목, 턱이 아플 수도 있다. 이러한 통증은 심근경색의 초기 단계로 중요한 신호가 되기도 한다. 또 심장과 위는 통증을 느끼는 신경이 대부분 척수의 같은 장소를 지나기 때문에 심장에 문제가 있을 때 위 통증을 느끼는 경우도 있다.

● 관련통

관련통이 나타나는 이유는 장기에서 척수로 들어가는 부위와, 신체 신경이 척수로 들어가는 부위가 같기 때문이다. 아래 내용은 관련통 사례이다 (p.156 **그림 3-48**).

그림 3-48 : 관련통 사례

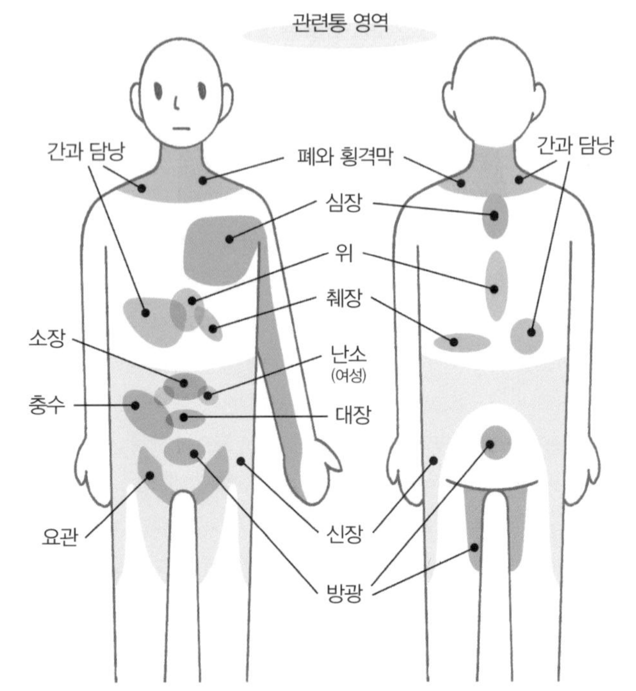

내장 통증은 각각 특정 신체 부위의 통증으로 관련통이 느껴진다.

- 심근경색 : 가슴 중앙에 국한되지 않고 좌흉부(왼쪽 가슴)나 왼쪽 어깨, 목, 하악(아래턱), 왼손, 명치 등에 통증을 느낀다. 또 복부 통증(위통)을 느끼기도 한다.
- 협심증 : 흉벽이나 좌완(왼쪽 팔)에 증상이 나타나는데, 통증 부위가 명확하지 않다.
- 우폐렴 : 오른쪽 아래 복부 통증으로 나타난다.
- 담석 발작 : 오른쪽 어깨의 결림이나 통증, 요통, 우상복부통(오른쪽 위 복부통)으로 나타난다.

- 위궤양 : 상복부(위쪽 복부) 통증, 왼쪽 등 통증, 명치 통증으로 나타난다.
- 십이지장궤양 : 상복부 통증이나 왼쪽 등 통증으로 나타난다.
- 소화기 질환(궤양, 췌장 · 간 · 담낭염, 종양) : 요통이나 등 통증으로 나타난다. 특히 조기에 스스로 췌장의 기능장애를 발견할 수 있는 체조 체크를 권하는 전문가도 있다. 소개하자면, 몸을 앞으로 3회 구부리고 그 다음 손을 허리에 댄 다음 몸을 뒤로 젖히는 체조이다. 이때 위 주변(상복부)이나 등에 통증이나 불쾌감이 느껴지면 주의할 필요가 있다.
- 간암 : 오른쪽 늑골 제일 아래 통증이나 오른쪽 어깨 통증으로 나타난다.
- 담도 질환 : 오른쪽 어깨나 견갑부(어깨뼈 부위) 통증이 느껴진다.
- 충수염 : 상복부 통증이 우하복부 주변으로 이동한다.
- 장염전 · 장폐색 등 : 옆구리에서 등으로 날카로운 통증이 느껴진다. 통증 정도가 심해서 쇼크 상태가 되기도 한다.
- 신장 결석 : 서혜부(허벅지 연결 부위)나, 남성의 경우 정소 통증, 요통을 느끼며, 통증 정도가 심하다.
- 비뇨기계 질환(신장결석, 요관결석, 신우신염, 종양 등) : 요통을 느낀다. 또 등의 늑골 주변을 두드리면 울리는 듯한 강한 통증이 느껴진다.
- 부인과 질환(자궁내막증이나 자궁근종, 난소 낭종, 자궁 · 난소 종양 등) : 요통이나 등 통증으로 나타난다.
- 전립선염 : 치골 위쪽(회음부)이나 음경 끝, 서혜부, 대퇴부(허벅지) 안쪽, 발바닥 통증으로 나타난다.
- 눈 · 코 · 귀 등의 염증 : 이러한 염증에서도 두통을 느끼는 경우가 있으며, 치수염에서도 귀나 관자놀이, 볼 등의 통증을 느끼기도 한다. 또 관련통은 아니지만, 암이 요추(허리뼈) · 골반으로 전이되어 요통이나 등 통증, 발 통증, 팔 통증, 목 통증이 나타나기도 한다.

또 복부 통증은 주로 위 주변 통증으로 나타난다. 배 전체를 덮는 위(胃)에서 아래로 늘어뜨린 그물 모양(대망)의 지방조직이 있는데, 대장이나 충수에 염증이 생기면 이 대망이 염증 부위로 모여 진행을 막는 작용을 한다.

이 때문에 대망이 늘어나면 그 부착 부분인 위가 당겨져 자극으로 인해 상관없는 위에 통증이 느껴지는 것으로 추측된다.

이렇듯 경부나 상완 통증, 등 · 허리 통증, 허벅지 안쪽 통증, 발 통증은 반드시 뼈나 관절, 근육, 건초에서 오는 것이 아니라 내장 질환에 원인이 있을 수 있다. 따라서 전문가의 연계가 필수적이다.

긴급을 요하는 가슴 통증

긴급을 요하는 가슴 통증을 일으키는 질환에는 급성 심근경색, 대동맥 해리, 협심증, 급성 심부전, 급성 심근염, 급성 폐렴, 폐혈전 · 폐경색, 급성 흉막염 · 급성 농흉, 특발성 식도파열, 급성 췌염, 담석증 등이 있다. 췌장이나 담낭은 배에 있지만 가슴에서 통증을 느낀다. 앞에서 설명한 관련통에 의한 것이다.

질환의 증상과 통증의 특징은 아래와 같다.

● 급성 심근경색

심장의 영양을 이어주는 관동맥의 동맥경화에 의해 혈관이 좁아져 혈액의 흐름이 나빠지면 발병한다. 관동맥이 막히면 약 40분 경과 후 심근이 죽게 된다(심근 괴사). 이것이 심근경색이다(p.160 **그림 3-49**). 괴사가 점점 확산되어 6~24시간 후에는 심근 괴사가 심내막에서 심외막까지 확산되어 심근 전체가 죽게 된다(관벽성 허혈). 이렇게 되면 심장이 온몸으로 혈액을 보낼 수 없게 되어 심부전이나 쇼크에 빠지기 때문에, 긴급한 처치가 필요하다.

대부분 흉부의 격통이나 조이는 듯한 느낌, 압박감과 같은 통증으로 나타난다. 흉통이 30분 이상 이어지며 식은땀을 동반하고, 중증인 경우에는 쇼크 상태에 빠진다. 흉통은 주로 전흉부(앞가슴)나 흉골하에서 많이 나타나며, 하악(아래턱)이나 경부(목), 좌상완(왼팔), 심와부(사람의 복장뼈 아래 한가운데의 오목하게 들어간 곳 – 옮긴이)로 확산되기도 한다. 다른 증상으로는 호흡곤란, 의식장애, 메스꺼움이 있으며, 식은땀을 동반할 때는 중증이다. 고령자인 경우 특징적인 흉통이 아니라 숨이 차거나 메스꺼움 등으로 발현되기도 한다. 또 당뇨병 환자나 고령자에게는 통증이 나타나지 않는 경우도 있어서 다른 증상에 주의해야 한다.

그림 3-49 : 급성 심근경색

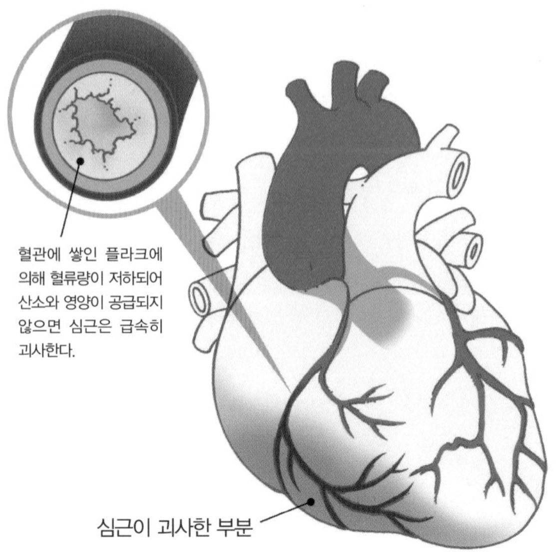

혈관에 쌓인 플라크에
의해 혈류량이 저하되어
산소와 영양이 공급되지
않으면 심근은 급속히
괴사한다.
심근이 괴사한 부분

대부분 흉부 격통이나 조이는 듯한 통증이 나타난다. 흉통은 전흉부와 흉골하에 많이 발생하며, 하악, 경부, 좌상완, 심와부에 퍼져 있는 경우도 있다.

이 질환은 응급 처치가 필요하기 때문에 조속히 내원해야 한다.

● 대동맥 해리(해리성대동맥류)

대동맥의 벽에 균열이 생겨 벽이 내막과 외막으로 분리되는 질환이다(**그림 3-50**). 갑자기 발병하는 경우가 많으며, 이것을 급성 대동맥 해리라고 한다. 급성 심근경색과 마찬가지로 긴급하게 대처해야 하는 질환이다.

전흉부, 등, 어깨에 갑자기 격렬한 통증이 나타나는 것이 특징이지만 가벼운 통증이 나타나기도 한다. 대동맥에 혹이 있으면 균열이 생기기 쉽다. 동맥의 벽이 분리되어 손발로 가는 혈류가 나빠지면서 갑자기 손이나 발에 격렬한 통증이 나타나는 경우도 있다. 이 질환은 고혈압에 동맥경화가 있는 사람에게 나타나기 쉽다는 보고가 있다.

그림 3-50 : 급성 대동맥해리가 자주 발생하는 부위

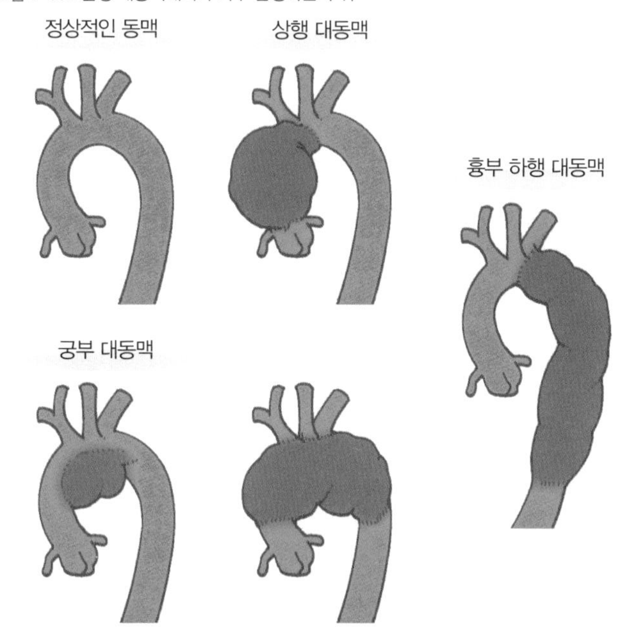

동맥류가 파열되면 쇼크로 실신하기 때문에 갑자기 쓰러져 생명을 잃기도 한다. 혈관 기능에 장애가 생기는데, 예를 들면 머리의 혈류가 나빠진 경우 실신, 경련, 의식장애가 발생하며 이때는 응급 처치를 해야 한다.

● 협심증

혈관 내강이 좁아져 심근에 충분한 혈류와 산소를 보내지 못해 가슴 통증이 나타난다. 대부분의 혈관 협착은 당뇨병이나 고지혈증, 고혈압 등에 이어 발생하는 동맥경화가 원인이 되어 나타난다. 이외 혈관 경련도 이 질환의 원인이다.

가슴 안쪽 통증이나 가슴이 조이는 듯한 통증, 가슴이 타는 듯한 통증이

특징이다. 가끔 위 주변이나 등 통증, 목 통증, 이가 들뜨는 것 같은 느낌, 왼쪽 어깨에서 팔에 걸쳐 저림 증상이나 통증이 나타나기도 한다. 통증 정도는 식은땀을 동반한 강한 것에서부터 위화감 정도로 약한 것까지 다양하다. 당뇨병은 증상이 가벼운 경우가 많기 때문에 주의해야 한다.

운동성 협심증은 신체적인 노동이나 정신적인 흥분, 스트레스가 원인이 되어 발병한다. 안정을 취하거나 스트레스가 없어지면 대부분은 몇 분 이내, 길면 15분 이내에 통증이 사라진다. 심근은 운동 등으로 움직임이 활발해지면 정상적인 작용을 유지하기 위해 충분한 산소와 영양을 필요로 하며, 관동맥의 말초 혈관이 넓어져서 혈류가 증가한다.

그러나 동맥경화가 있거나 관동맥에 협착이 있으면 심근에 충분한 혈류를 보낼 수 없어 운동할 때 심근으로 산소 공급이 제대로 이루어지지 않아 급격한 통증이생긴다. 안정 협심증은 노동이나 스트레스와 상관없이 일어나는 협심증이다. 협심증은 관동맥에 협착을 일으키는 경우가 많으며, 심근경색으로 발전할 가능성이 높기 때문에 이러한 통증이 나타나면 긴급히 병원에 가야 한다.

● 폐색전 · 폐경색

폐동맥(폐에 산소를 공급하기 위해 심장에서 폐로 혈액을 옮기는 혈관)에 혈액이나 지방, 공기, 종양세포와 같은 덩어리가 막혀 혈액 흐름이 나빠지거나 폐색된 상태를 폐색전이라고 한다. 또 혈액 덩어리(혈전)가 원인이 되어 발병하는 것을 폐혈전증이라고 한다. 이 질환이 발병하면 폐는 허혈상태가 되어 최악의 경우 사망한다(**그림 3–51**).

폐혈전의 대부분은 발 정맥에서 생긴 혈전이 심장으로 운반되어 폐동맥으로 이동해서 발병한다. 해외여행으로 장시간 비행기에서 앉아 있으면 이 질환이 발병하기 쉽다. 최근 문제가 되는 이코노미클래스 증후군이 바로 그것이다. 이 질환을 예방하기 위해서는 장시간 같은 자세를 취하는 것을 피해야 한다.

전흉부에 갑작스러운 통증이 나타나는 것이 특징으로, 이와 함께 혈담,

그림 3-51 : 폐색전 · 폐경색이 나타나는 메커니즘

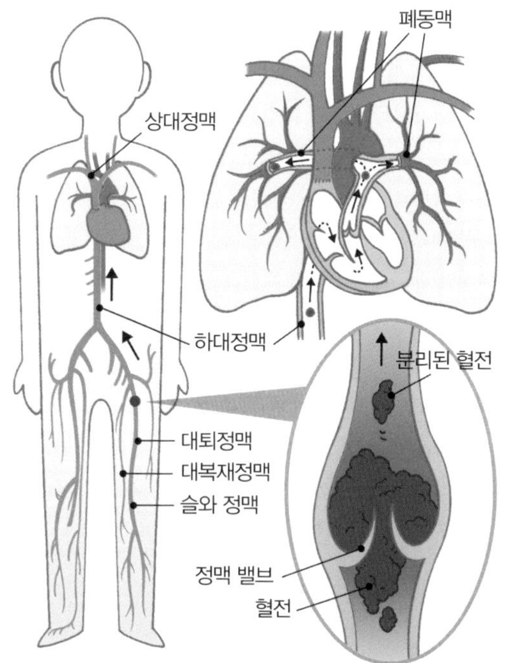

하지 정맥에 혈전이 생기면 일단 정맥 밸브에서 역류가 방지되며, 이때 통증을 동반하기도 한다. 분리된 혈전이 심장 쪽으로 흐르다 폐동맥까지 흘러가면 폐색전 · 폐경색이 된다.

호흡곤란, 식은땀을 동반한다. 이 질환도 긴급을 요하므로 응급실 또는 순환기나 호흡기를 취급하는 병원에 내원하여 혈전을 녹이는 약(혈전용해제)을 복용하거나 항응고제(혈액이 굳지 않게 하는 약) 링거를 맞아야 한다.

● 급성 폐렴

다양한 세균(폐렴구균, 인플루엔자균 등)이 코나 입에서 기관과 기관지를 통해 폐포까지 들어가 염증을 일으키는 질환이다. 감기를 악화시키고, 이것이 원인이 되어 이차성 감염을 일으키는 경우가 많다. 또 기도의 반사

기능이 약해진 노인에게서 볼 수 있는 오연성 폐렴도 있다.

흉통은 그렇게 심각하지 않으며, 호흡곤란, 기침, 가래, 호흡기 증상, 발열 증상이 나타난다. 폐에서 산소가 충분히 제거되지 않아 혈색이 좋지 않고(치아노제), 더 심해져서 중증이 되면 뇌에 산소가 공급되지 않아 의식장애를 일으킨다. 조속히 산소와 항생물질을 투여해야 한다.

● 급성 심근염

콕삭키 바이러스나 에코 바이러스, 그 외 세균 등의 병원균이 심근 염증을 일으키는 질환이다. 교원병과 같은 전신성 질환이나, 약이나 방사선이 원인이 되어 발생하는 것으로 보고되고 있다.

염증이 심장의 막으로 퍼지면 가슴 통증, 가슴 불쾌감, 동계(두근거림)와 발열, 기침, 가래 등 감기 증상이나 소화기 증상 등이 나타난다. 심장에 염증이 생기면 심장의 펌프 기능이 유지되지 않아 쇼크 증상을 일으키기도 하기 때문에 최대한 빨리 치료해야 한다.

● 급성 흉막염

흉막이란, 폐를 덮는 막과 흉곽 안쪽을 덮는 막을 말한다. 이 두 막의 내부 공간을 흉강이라고 하며, 극히 소량의 액체(흉수)가 흉막 면을 습윤하게 하여 폐 운동을 부드럽게 한다. 흉막염은 이 흉막의 염증을 말하며, 염증에 의해 흉강에 흉수가 쌓인다. 결핵성 흉막염이나 세균성 폐렴과 함께 발병하는 경우도 있다. 폐렴 중에서 황색포도상구균이나 폐렴 간균, 대장균, 녹농균 등이 원인인 경우 흉막염을 일으키기 쉽다.

가슴 통증은 심호흡이나 기침을 하면 통증이 심해지는 것이 특징이다. 발열을 동반하며 기침도 나오지만 가래는 적고, 중증이 되면 호흡곤란을 느끼기도 한다.

적침치(적혈구 침강속도의 측정치)가 정상화될 때까지는 안정을 취하는 것이 중요하다. 필요에 따라 쌓인 흉수를 드레인으로 빼내고 항생물질을 투여한다(**그림 3-52**).

그림 3-52 : 흉수 압박으로 좌흉 통증과 호흡곤란이 발생

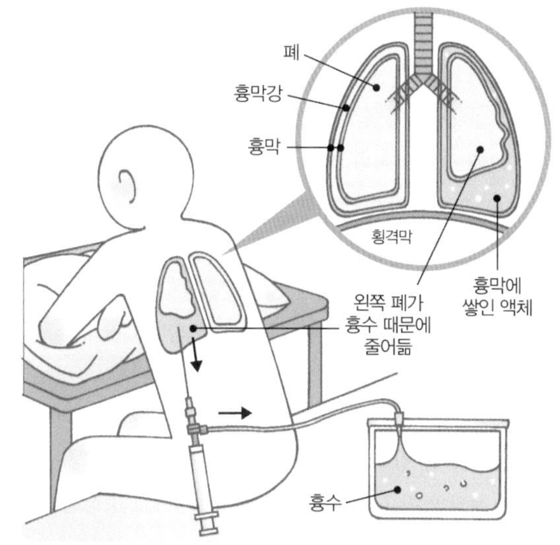

흉막염으로 쌓인 왼쪽 폐의 흉수를 빨아들이고 있다.

● 특발성 식도파열(부르하버 증후군)

급성 알코올 중독 등 심한 구토로 식도 내 압력이 급격히 높아져 식도가 파열되는 질환이다. 하부 식도 다음으로 중부 식도가 파열되는 경우가 많으며 치사율이 높다. 구토 반사가 나타나는데 참으려고 하면 오히려 식도 내 압력이 갑자기 높아져서 발현된다. 구토 반사(인후부 뒤쪽의 수축에 의해 이물이 들어오는 것을 저지하는 반사 작용 - 옮긴이) 직후 급격한 가슴 통증이 생기면 주의해야 한다.

가끔 상복부 주변에서 일어나는 경우도 있다. 계속해서 가슴 긴장(흉부 압박), 호흡곤란, 식은땀, 얼굴 변색과 같은 증상이 나타난다. 긴급히 수술로 파열된 부분을 봉합하지 않으면 치명적일 수 있다. 비슷한 질환으로, 음주 후 반복적인 구토에 의해 위 입구(분문부) 부위에 열상이 나타나고 이 때문에 토혈하는 것을 특히 말로리바이스 증후군이라고 한다.

음주 후 구토 반사 시 격렬한 가슴 통증이 나타나면 조속히 진료받아야 한다.

● 급성 이자염

췌장은 위 뒤에 있으며 소화효소를 십이지장으로 내보내 지방이나 단백질의 소화를 도와주는데, 각종 원인에 의해 자신이 내보낸 효소에 조직이 소화되어 염증이 생기는 경우가 있다. 증상은 경증에서부터 생명을 위협하는 중증까지 다양하다. 원인의 대부분이 알코올(약 40%)이고, 그다음이 담석(25%), 그다음은 명확하지 않다.

식후에 상복부나 등에서 통증이 나타나는 것이 특징이다. 통증도 가벼운 것에서부터 격렬한 것까지 다양하다. 중증인 경우에는 쇼크나 의식장애를 일으키기도 하는데, 이때는 속히 병원에 가야 한다.

● 담석증

간에서 지방이나 단백질을 소화하는 담즙이 십이지장으로 흘러가는데, 도중에 생기는 돌로 담도가 막히는 질환이다. 돌의 종류는 여러 가지가 있는데, 콜레스테롤석, 빌리루빈 칼슘석, 흑색석 등이 있다.

담석 산통(급경련통) 발작이라고 하는 격렬한 우상복부 통증을 일으키는 것이 특징이다. 오른쪽 어깨나 등에서 울림 증상이 나타나고 가끔 전흉부 통증을 느끼기도 한다. 지방을 많이 함유한 음식을 먹은 후에 발생하는 경우가 많다.

식은땀이 나거나 한기나 메스꺼움이 느껴지고 황색 위액이 나올 때도 있다. 식습관이 서양화되며 이 질환도 늘고 있다(성인 10명 중 1명 정도). 식사 후에 이러한 통증이 나타나면 긴급히 내원해야 한다. 돌 제거 여부는 전문가와 상담하도록 하자.

비교적 긴급성이 낮은 가슴 통증

그다지 긴급을 요하지 않는 가슴 통증을 일으키는 질환에는 다음과 같은 것이 있다.

● 심장신경증

심장신경증은 신경순환 무력증, 불안신경증, 패닉 장애라고도 불리는 질환이다. 스트레스, 과로, 불안 등이 주요 원인이다. 신경질 또는 신경증적인 성격의 사람이 과로나 스트레스, 가까운 사람의 급사, 잘못된 지식이 계기가 되어 심장에 문제가 있다고 생각하는 불안 · 우려가 커질 때 발병한다.

스트레스, 과로, 불안감 등은 교감신경을 자극해 오히려 심장 기능이 활발해진다. 심박수가 증가하여 박동을 강하게 느끼기 때문에 심장병이라고 생각하는 불안이 증폭돼 심장 박동과 호흡이 빨라지는 악순환이 반복된다.

협심증과 비슷한 증상을 보이지만 심장 자체에는 이상이 없고, 콕콕 찌르고 욱신거리는 통증이 비교적 한정된 부위에서 나타나며, 운동할 때는 통증이 없는데 오히려 안정을 취할 때 통증이 나타나는 것이 특징이다. 또 통증 지속 시간이 비교적 길다.

검사 후 이상이 없다는 것을 알게 되었을 때는 스트레스나 불면증, 과로, 불안 등이 해소되도록 노력하고, 자신에게 맞는 약을 처방받아야 한다.

● 심방세동

심장에서 동방결절(심장의 박동 리듬을 결정 – 옮긴이)로 전기적 흥분파가 만들어지고 이것이 심방과 심실의 경계에 있는 방실결절로 전달되면 심실 전체에 확산되어 수축 운동을 하게 된다. 이 질환은 동방결절이 불규칙적으로 흥분하기 때문에 심장 전체가 불규칙적으로 수축하며 발생한다. 이 때문에 환자는 가슴 통증이나 몽롱함, 두근거림 등의 증상을 겪게 되고, 중증인 경우에는 현기증이 나타난다. 단발성부터 지속성까지 종류는 매우 다양하다.

심전도검사로 진단을 내리므로 조기에 의료기관을 방문하는 것이 좋다. 치료에는 각종 항부정맥 약을 사용한다. 최근 폐정맥의 빈맥이 좌심방으로 전달되는 것이 발병 원인이라는 것이 밝혀져 카테터를 이용해 그사이를 전기적으로 차단하는 방법이 실시되었는데 결과가 좋았다. 방치하면 뇌경색과 같은 합병증을 유발할 위험이 있기 때문에 조기에 치료해야 한다. 필히 금연해야 하며, 과로나 스트레스, 수면 부족, 지나친 음주는 피해야 한다.

● 자연 기흉

폐가 자연스럽게 파열되어 흉강 내로 공기가 새어 나와 폐가 눌리는 질환이다. 젊은 남성에게 많이 나타나며 주로 흡연자에게서 볼 수 있다. 갑작스러운 폐 내부 압력 상승(기침하거나 배변을 위해 배에 힘을 주거나 운동할 때)을 원인으로 약해진 폐포(블레브)가 파열되어 발병된다.

갑자기 폐 통증과 함께 마른기침, 호흡곤란이 나타나며 기흉이 확산되어 중증(긴장성 기흉)이 되면 치아노제, 의식장애를 일으키기도 한다. 흉부 X 레이로 진단을 내린다.

우선 안정을 취하고 얇은 튜브로 흉강에서 공기를 빼낸다. 이 질환이 반복되면 내시경으로 파열된 곳을 회복시켜야 하며, 절대 흡연해서는 안 된다.

● 폐암

폐암은 일본에서는 남성 암 중에서 첫 번째로 발병률이 높다(**그림 3-53**). 조직의 특성상 선암, 편평 상피암, 대세포암, 소세포암이 있는데, 임상적으로는 그 치료 방법이 달라서 크게 소세포암과 비소세포암 두 가지로 구분하고 있다. 고령화 사회가 진행됨에 따라 더욱 증가할 것으로 보인다. 다른 암과 마찬가지로 조기 발견과 조기 치료가 중요하다. 비소세포암의 경우 조기에 치료하면 5년 생존율이 50~70%이다. 그러나 림프절로 전이되면 5년 생존율이 30~50%로 낮아진다.

폐암의 발병 메커니즘은 아직 밝혀지지 않았지만, 정상적인 폐에 갑자기 암세포가 생기는 원인으로 명확히 밝혀진 것 중 하나가 흡연이다. 이 질환 환자의 80%가 흡연 경험이 있는 것으로 보고되었다. 담배 연기에는 약 수천 종의 물질이 함유되어 있으며 그 속의 발암물질과 슈퍼옥사이드(활성산소 일종) 등에 의한 유전자 장애가 암세포 발생과 관련이 있다. 또 노화에 의한 유전자 회복 기능 저하나 암 유전자 변이, 담배에 대한 감수성도 관련이 있을 것으로 보고 있다.

흡연이나 노화, 가족력, 호흡기 질환(만성 폐색성 폐 질환, 천식, 진폐(폐에 먼지가 쌓여 생기는 직업병 – 옮긴이), 특발성 간질성 폐렴 등)과 같은 기왕력(과거 병력에 관한 기록)이 위험 요인이 될 수 있다. 특히 흡연 경험이 큰 영향을

그림 3-53 : 왼쪽 폐에 발생한 폐암

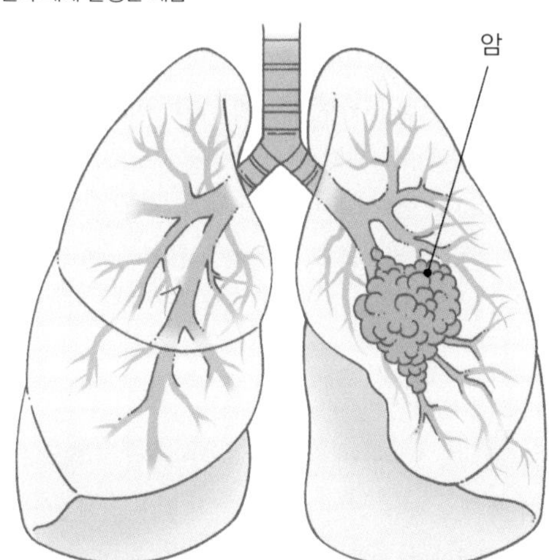

초기에는 증상이 없다. 그러나 흉맥으로 전이되면 가슴 통증, 뇌에 전이되면 두중 · 두통, 뼈로 전이되면 등 통증, 요통 등이 나타난다. 또 기관지를 자극하면 기침이나 가래가 나온다. 폐는 혈류가 풍부해서 온몸으로 전이되기 쉽다.

미친다. 또 타인의 담배 연기를 만성적으로 흡입하는 간접흡연(p.61의 칼럼 참조)도 폐암의 원인으로 알려져 있으며, 최근 비흡연 여성의 간접흡연에 의한 폐암도 증가 추세에 있다.

증상이 나타나기 전에 건강 검진으로 발견되기도 하지만, 대부분 4주 이상 지속되는 기침, 가래, 혈담, 발열, 호흡곤란 등의 증상으로 발견된다.

통증이 없는 것이 특징으로, 드물게 흉막으로 전이되면 가슴 통증, 뇌로 전이되면 두통과 메스꺼움, 구토, 뼈로 전이되면 요통과 등 통증이 나타나 발견되기도 한다. 폐의 말초에 발생하는 유형의 폐암은 암이 커질 때까지 증상이 없다.

단순 흉부 X레이 사진에 이상한 형체가 있으면 흉부 CT를 촬영하여 이상한 형체의 정확한 위치와 다른 장기로 확산된 정도, 림프절 전이 유무를 조사해야 한다. 확정 진단을 위해서는 암세포를 조직 검사해야 한다.

우선 가래 검사로 암세포의 유무를 확인하는데, 이 검사에서 음성이더라도 필요에 따라 기관지경 검사로 조직의 일부를 채취하여 확인해야 한다. 또 CT로 관찰하면서 경피적으로 바늘을 이용해 암세포를 채취하는 방법도 있다.

이러한 검사에서 암세포로 판명되지 않고 CT 영상의 병변 크기나 특징으로부터 폐암이 강하게 의심되면, 전신 마취하여 흉강경으로 폐 조직을 검사하기도 한다. 해당 검사에서 폐암으로 판정될 경우 그다음 전이 여부를 알아보는 검사를 한다. 일반적으로 뇌와 복부, 뼈의 영상 검사를 실시한다. 또 혈액 중의 종양 마커 검사는 조직학적 유형 추정이나 치료 효과 판단, 예후 진단에 도움 된다.

이 질환은 소세포암인지 비소세포암인지에 따라 치료법이 크게 달라진다. 소세포암은 조기에 온몸으로 전이되기 쉽고 진행이 빠른 반면, 화학요법(항암제)이나 방사선치료가 효과적이어서 첫 번째 방법으로 전신 항암제 투여를 선택한다. 치료받으면 흉강 내에 암이 남아 있는 경우에는 5년 생존율이 20~30%, 흉곽 외로 전이되었을 경우에는 2년 생존율이 10~20%다.

비소세포암은 병소가 폐의 편측으로 국한된 경우 우선 수술로 병소를 제거하거나 림프절 적출(곽청), 항암제 병용을 실시한다. 수술을 할 수 없을 때는 항암제와 방사선치료가 주가 된다. 그러나 몸이 약해져 있을 때는 삶의 질(QOL)이 떨어지지 않도록 적극적으로 치료하지 않고 통증, 호흡 곤란 등에 대처하기도 한다.

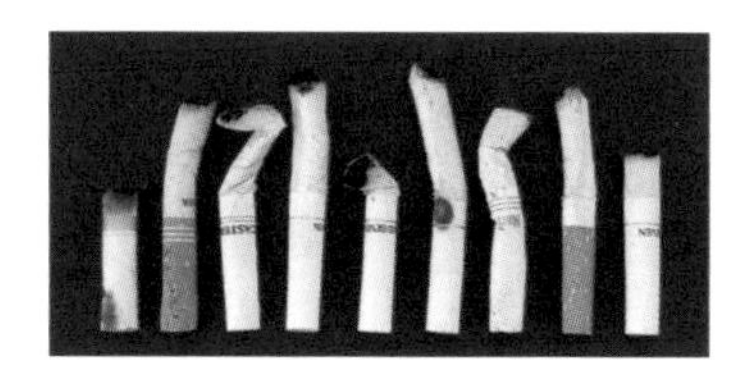

이 질환은 화학요법과 방사선치료 두 방법 모두 치료가 매우 힘든 암 중 하나이다. 환자와 가족은 담당의와 제대로 상담하여 치료 방법을 결정해야 한다. 판단 내리기 힘들 때는 다른 의료기관의 전문가와 상담하는 것도 도움이 된다(세컨드 오피니언). 또한 전문가의 연계가 필요하다. 최근 유전자 공학의 발전으로 새로운 약이 나왔지만 이와 동반되는 부작용도 보고되고 있어서, 역시 전문가와 상담할 필요가 있다.

● 역류성 식도염

식도염 중에서 가장 많은 질환이다. 위의 내용물이 식도로 역류하여 식도 점막이 위액이나 십이지장액으로 뒤덮여 발병된다. 보통은 식도와 위의 연결 부위에는 위 내용물의 역류를 방지하는 역류 방지 기구가 마련되어 있다. 하부식도 괄약근은 음식을 삼킬 때(연하운동)만 이완되는데, 이렇게 일과성으로 괄약근이 이완되는 것이 이 질환의 중요 원인이다.

가슴 통증으로 나타나는 경우도 있는데, 자각 증상으로는 가슴 쓰림, 연하 장애, 메스꺼움, 팽만감 등이 있다. 또 인두부의 위화감과 천식과 같은 증상도 나타난다.

진단 시 내시경 검사는 필수이지만, 자각증상과 식도염의 중증도가 반드시 일치하는 것은 아니다. 식도 열공 헤르니아, 식도 위 연결부의 점막 장애 증상이 나타나며, 중증인 경우에는 미란(짓무름), 궤양면 출혈, 협착이 나타나기도 한다(p.172 **그림 3-54**).

치료에는 위산 분비를 억제하는 H_2 수용체 길항제나 프로톤 펌프 저해

그림 3-54 : 역류성 식도염

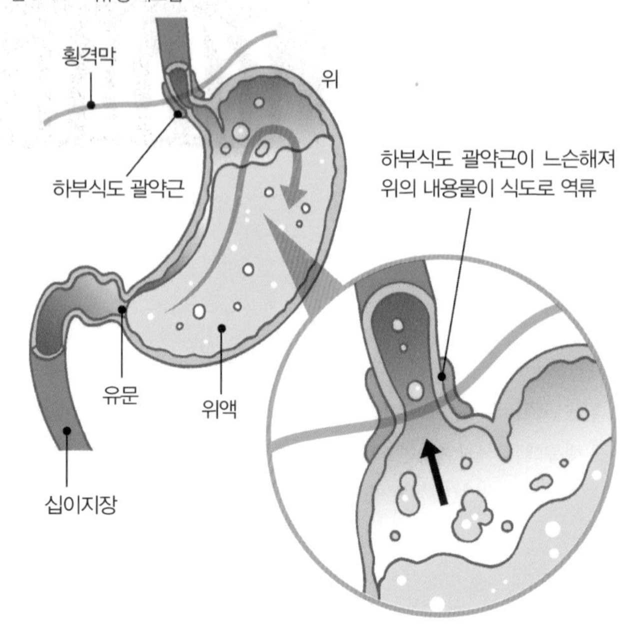

제가 사용된다. 약으로 개선되지 않는 심각한 식도 열공 헤르니아가 있거나 식도 협착, 식도염에 의한 출혈을 동반할 경우에는 복강경으로 위저부(위 바닥 부분)를 하부 식도로 가져와 역류 방지 기구를 만드는 방법을 실시한다.

복부 통증은 복부 장기나 골반 내 장기, 복부 혈관, 신경, 뼈, 근육 질환으로 나타난다. 가끔 심장이나 흉부의 대동맥 질환에서 상복부 통증이 나타나기도 한다.

예를 들면 흉부 통증 항목에서 설명한 심근경색이나 심막염, 대동맥 해리, 흉막염일 경우 상복부 통증이 나타나기도 하기 때문에 의사의 연계가 필요하다.

긴급을 요하는 복부 통증

긴급을 요하는 질환은 아래와 같다.

● 복부 대동맥류 파열

대동맥류는 대동맥벽이 혹 모양이 된 것을 말한다. 대부분 서서히 진행되기 때문에 처음에는 거의 증상이 없다. 복부 대동맥류는 배 밖에서 박동하는 혹이 만져져서 발견할 수도 있다(p.174 **그림 3-55**).

복부 대동맥류가 파열되면 격렬한 복통과 요통이 나타나지만, 파열되지 않으면 통증을 동반하는 경우가 드물어서 간과하기 쉽다. CT 검사로 진단을 내린다. 대동맥류가 위험한 이유는 파열 가능성 때문인데, 파열되면 치사율이 꽤 높아진다. 따라서 그 전에 동맥류 부분을 인공혈관으로 대체해야 한다. 혹의 지름이 크면 클수록 파열되기 쉽다. 복부 대동맥류는 정상적인 복부대동맥의 지름이 1.5~2.0센티미터 정도라서 그 2배인 4센티미터를 넘으면 파열될 위험이 높아진다. 대동맥류는 고혈압이 있거나 가족 중 대동맥류가 있는 사람이 있으면 나타나기 쉽다고 하여, 유전적 경향이 인정된다.

흉부 대동맥류는 커지면 주변을 압박하여 다양한 증상이 나타나는데, 예를 들면 반회 신경이 압박되어 쉰 목소리가 나온다. 기관을 압박하면 호흡이 곤란해지고 식도를 압박하면 음식을 삼키기 어렵다.

그러나 복부 대동맥류는 동맥류가 작거나 비만으로 배에 지방이 쌓인 경우 손으로 만졌을 때 확인되지 않다가 복부의 초음파 검사, CT 검사에서 처음 발견되기도 한다.

파열에 의한 출혈이 있고 복부에서 뒤쪽 허리 부분으로 퍼지면 심한 통증을 느낀다. 출혈 정도에 따라 초기에는 복통이나 요통 증상이 가볍다. 그러나 이후에 출혈이 심해지고 의식불명이 되는 경우도 많아, 복부 대동맥류

파열이 의심될 경우에는 즉시 수술이 가능한 병원을 방문해야 한다. 최근에는 다리의 연결 부위에서 카테터를 대동맥에 삽입하여, 인조혈관을 대동맥 안쪽에서 고정하는 방법(스텐트 그라프트 삽입술)이 실시되고 있다.

대동맥류가 확인되면 CT 검사로 치료 방법을 결정하게 된다. 수술은 어디까지나 파열을 예방하는 차원이니, 수술 위험성과 파열 위험성을 충분히 검토하고 납득이 되면 그때 치료 방법을 결정하자.

그림 3-55 : 파열 직전의 복부 대동맥류

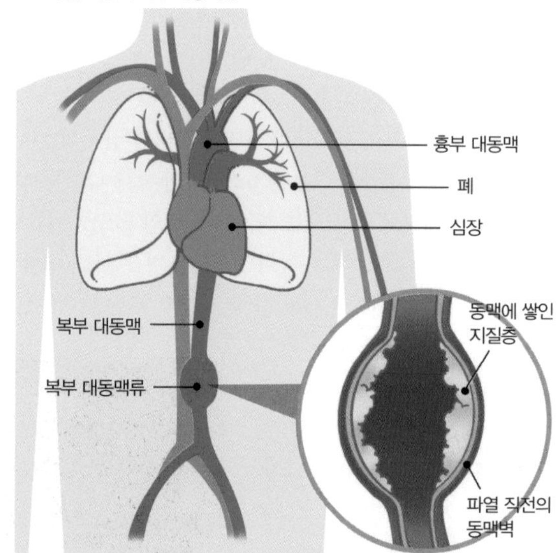

파열 직전까지 통증이 없다가 파열되면 갑자기 강렬한 복통이나 요통이 나타난다.

● 장간막 동맥 혈전증

위나 간, 췌장 등 소화 흡수와 관련된 내장에 산소와 영양분을 보내는 동맥은 세 개가 있으며, 각각 복강 동맥 줄기와 상장간막 동맥, 하장간막 동맥이다. 이중 소장의 대부분과 대장의 일부로 산소와 영양분을 보내는 상장간막 동맥이 갑자기 막히는 질환이 급성 상장간막 동맥 혈전증이다. 상장간막 동맥이 갑자기 막히면 격렬한 복통이 나타난다. 몇 시간 이내에 장의 허혈 상태가 나타나고 복막염이 된다.

방치하면 장이 부어올라 마비되기 때문에 장의 내용물이 정체되어 장폐색으로 진행된다. 통증뿐만 아니라 구토를 동반하며, 장과 그 내용물로부터 몸속의 수분을 빼앗겨 현저한 탈수증상을 보이게 되며, 혈변이 보이는 경우도 있다. 그리고 증상이 심해지면 쇼크 상태를 일으키고, 조기에 수술하지 않으면 사망하거나 수술을 하더라도 생명을 구하지 못할 수 있다(**그림 3-56**).

● 장폐색

음식이나 소화액의 흐름이 소장이나 대장에서 막힌 상태, 즉 내용물이 장에서 막힌 상태가 장폐색이다. 장이 확장하여 팽팽해지기 때문에 배가 당겨서 아프고 항문 방향으로 가지 못한 장 내용물이 입 쪽으로 역류하여 메

그림 3-56 : 장간막 동맥 혈전

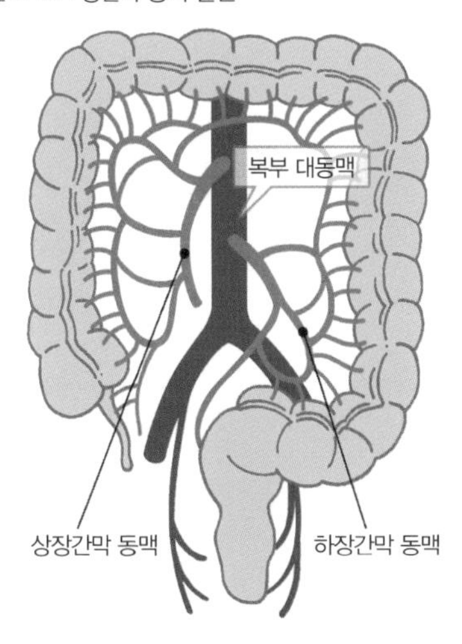

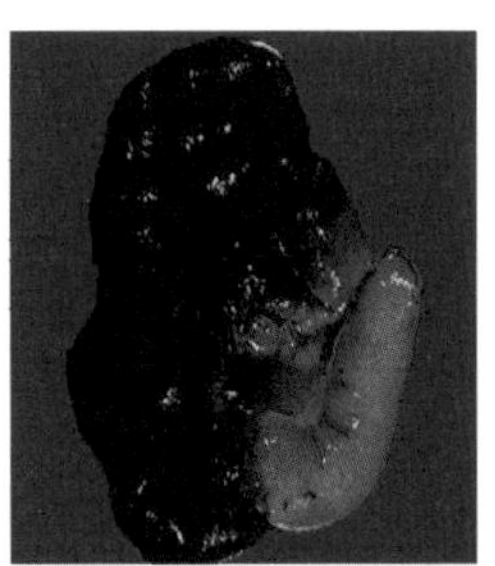

장간막 동맥(좌)과 장간막동맥이 막혀(장간막 동맥 혈전), 장이 괴사한 부분이 까맣게 되었다(우)

스꺼움을 느끼고 구토하기도 한다. 장폐색은 메스꺼움 · 구토를 동반한 복통을 일으키는 가장 대표적인 질환이다. 폐색의 원인에는 장의 외부적인 요인과 내부적인 요인이 있다.

외부적인 원인은 장이 외측으로부터 압박되거나 꼬이는 경우이다. 복부를 가르는 개복술을 받은 경험이 있는 환자는 반드시 장과 복벽, 장끼리의 유착이 나타나는데, 유착 부분을 중심으로 장이 휘거나 꼬이거나 유착 부위에서 다른 장이 압박되어 장이 막히는 것이 가장 일반적이다. 또 고령의 여성은 대퇴 헤르니아라고 하는 탈장의 일종에서도 장폐색을 일으킨다.

복부에 생긴 패인 공간에 장이 끼어 내용물이 막히는 내탈장(internal hernia)이라고 하는 증상이 있다. 드물게 장 자체가 자연스럽게 꼬여 막히는 장염전도 발생한다. 또 장에 산소와 영양분을 보내는 혈관이 있는 막(장간막)이 압박되거나 꼬여 혈류 장애를 일으키는 것을 교액성 장폐색이라고 하는데, 조기에 수술하지 않으면 죽음에 이르게 된다.

장의 내측에 문제가 있는 경우로는 대장암에 의해 폐색된 경우, 그리고 고령자의 경우 변비로 인해 딱딱해진 변 자체가 장폐색의 원인이 되기도 한다.

갑자기 격렬한 복통과 메스꺼움, 구토가 나타나는 것이 특징으로, 배가 팽팽해지고 부풀어 오른다. 마른 사람은 장이 움직이는 것이 밖에서 보이기도 한다. 복통은 꽉 조이는 듯한 강한 통증이 나타났다 시간이 지나면 조금 완화되는데, 이것을 반복하는 산통(급경련통) 발작이 일어난다.

구토 내용물은 처음에는 위액이나 담즙이지만, 진행되면 장의 내용물로 바뀌면서 설사와 같은 색으로 변취를 동반한다(토분증). 구토 직후에는 일단 복통이나 메스꺼움이 가벼워지는 경우가 많다. 격렬한 복통이 진정되지 않으며, 시간이 지날수록 안면이 창백해지고 식은땀과 냉감 증상도 나타나는데, 맥박이 약해지고 호흡도 빨라져 결국 쇼크 상태가 된다. X레이나 초음파, CT 검사에서 장뿐만 아니라 장간막도 압박되거나 꼬이는 교액성 장폐색이 의심되면 수술하는 것이 좋다.

교액성 장폐색이 아니라면 대부분은 수술 이외의 방법으로 치료된다. 식사와 수분 섭취를 중단하고 위장을 쉬게 하며 수액을 충분히 주입한다. 증상이 진행되어 장이 더욱 팽팽해졌을 때는 코에서 위나 장까지 관을 넣어 구토의 원인이 되는 위나 장의 내용물을 몸 밖으로 퍼 올린다. 장 팽창이 줄어들면 장에서 흡수되어 편안해진다.

방귀나 변이 나오면 장의 통과 장애는 일단 나았다고 할 수 있는데, 장이 막힌 원인 즉 유착이나 장이 낀 복부 패임은 개선되지 않아 재발 위험이 남아 있기 때문에 계속해서 검사해야 한다.

최근 장폐색 통증이나 수술 후 통증, 수술 후 회복에 경막외 차단과 국소마취제인 정맥 점적 주사가 효과가 있다는 것이 밝혀졌다.

● 급성 복막염

복막은 앞치마처럼 복강을 덮는 막으로, 혈관과 신경이 지나간다. 복강에 염증이 생기거나 감염되었을 때 격렬한 복통을 유발하는 질환이다(p.178 **그림 3-57**). 다른 증상으로는 메스꺼움, 구토, 발열, 빈맥이 나타나며, 증상이 진행되면 탈수나 쇼크 상태에 빠지기도 한다. 급성 복막염의 병균은 바로 혈액 안으로 이동해 패혈증(병균이 혈액을 통해 온몸으로 퍼진 상태)에 이르게 하는 위험한 상태이다.

복부의 내장 염증이나 소화성 궤양, 외상, 종양 등으로 인한 장관 파열이 원인이 되어 발병한다. 여성의 경우는 자궁이나 난소의 감염, 난소 종양 파열 등의 원인이 있다. 배를 촉진하면 판 모양으로 딱딱하게 굳어 있다. 배를 손으로 눌렀다 뗄 때 통증이 심해진다(블룸버그 징후 또는 반동 압통이라고 함).

영상에서 복강 내에 유리된 가스나 소화액, 농즙(고름)과 같은 액체가 확인되면 바로 치료해야 한다. 개복하여 복막염의 원인이 되는 소화관이나, 장기의 천공을 처치한다. 이때 복강 내부를 깨끗하게 씻어 드레인을 삽입한다.

이 복막염은 진단이 내려지면 바로 처치하여 패혈증(혈액에 세균이 퍼진 상태)이 되지 않도록 방지하는 것이 중요하다. 시간 경과에 따른 예후가 좋

그림 3-57 : 복막과 복막염이 나타나기 쉬운 부위인 충수 위치

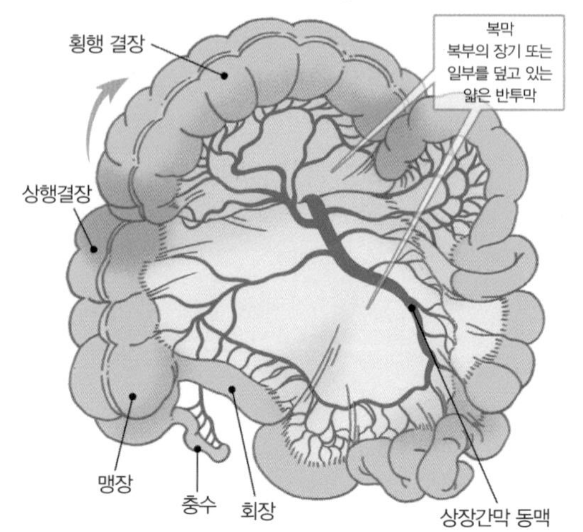

복막이 잘 보이도록 횡행결장을 조금 위로 올린 그림이다. 충수염(그림 3-58)이 생기면 오른쪽 아래 복부에서 통증이 느껴지고, 상태가 진행되어 충수가 파열되면 장 내용물이 복강 내로 나와 복막염을 일으켜 배 전체에 급작스러운 복통을 일으킨다.

지 않아, 패혈증으로 이행되면 쇼크나 다발성 장기부전으로 사망하는 사례가 늘고 있다. 복막염은 외과 치료 이외에도 통증 처치나 제대로 된 전신 관리(호흡, 순환, 영양, 항염증 등)가 필요하다.

● 급성 충수염

일반적으로 맹장으로 불리는 질환이다. 소장에서 대장으로 이어지는 부위를 맹장(회맹부)이라고 하는데, 그 끝에 있는 지름 1센티미터 이하, 길이 6~8센티미터의 얇은 관 모양이 충수로, 이것이 염증을 일으키는 질환이다(**그림 3-58**). 10~20대 전반에 많이 나타나는 질환이지만, 더 어린 연령층이나 고령자에게도 발병한다. 염증의 원인은 밝혀지지 않았지만, 변이나 이물, 종양 등으로 충수가 폐색을 일으켜 발병하는 것으로 알려져 있다.

배꼽 주위에 급격한 통증이 나타난다. 염증이 심해질수록 통증은 점점

그림 3-58 : 급성 충수염

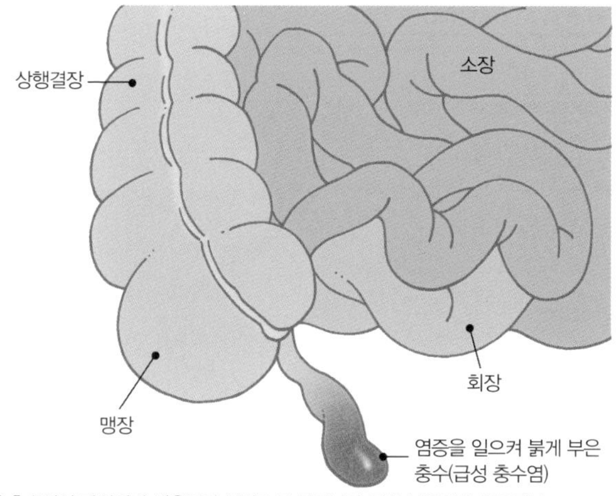

급성 충수염이 파열되면 내용물이 복강으로 튀어나가 급성 복막염을 일으킨다.

복부 우측 아래쪽으로 이동한다. 이 부분을 맥버니 지점이라고 한다. 이 지점을 눌렀을 때 심한 통증이 느껴지고 갑자기 손을 떼면 더욱 강한 통증을 느낀다(반동 압통). 발열, 메스꺼움, 구토가 나타나기도 한다.

충수염이 심해져 파열되면 복막염을 일으켜 통증이 더욱 심해진다. 복부 진찰과 증상으로 거의 진단을 내릴 수 있다. 백혈구가 증가했는지도 확인한다. 또 복부초음파나 CT 검사에서 충수의 영상 변화로 진단 내리기도 한다.

최근에는 복강경으로 수술할 수 있게 되었다. 발병 후 바로 항생제를 복용하면 염증을 억제할 수도 있는데, 이때는 재발 가능성이 높으므로 조기에 복부외과 진찰을 받는 것이 좋다.

그 외 복통을 유발하는 질환

그 외 복통을 유발하는 질환은 다양하다. 상복부에서는 특발성 식도파열이나 급성 위염, 위궤양, 위암, 십이지장궤양, 담낭염, 담석, 이자염, 췌장암, 간염, 간암, 심근경색 등이 발병하며, 중복부와 하복부에서는 신장이나 요관의 염증 · 결석, 동맥이나 정맥 질환, 급성 장염, 과민성장증후군, 급성 방광염 등이 발병한다. 여성 질환 중 복통을 초래하는 질환에는 난소 종양, 자궁 부속기염, 자궁외임신, 절박유산, 자궁암, 자궁근종, 월경곤란증 등이 있다.

● **비뇨기계와 생식기는 왜 아플까**

비뇨기계와 생식기계가 있는 하복부의 통증 신경을 포함한 지각신경의 대부분은 척수의 하단인 천골로 들어간다. 근육으로 가는 운동신경도 이 부위에서 나온다. 그러나 비뇨기계의 장기, 예를 들면 신장이나 요관, 방광 또 생식기인 전립선이나 정소, 자궁, 난소 등은 자율신경인 교감신경과 부교감신경이 지각과 운동을 관장하고 있어서 천골로 한정 지을 수는 없다.

비뇨기와 생식기의 경우, 대체로 교감신경은 요수, 부교감신경은 천골이 신경을 지배한다. 때문에 비뇨기나 생식기 통증은 관련통으로 하복부, 회음부, 허벅지뿐만 아니라 요통을 느끼는 경우도 있다(**그림 3-59**). 또 가까이에 대장, 결장, 직장 등의 소화기계 장기도 있어서 이를 구분하는 것이 중요하다.

비뇨기 장기 중에서 신장은 상복부 뒤쪽(후복막강)에 있어서, 신장 질환 통증의 경우 관련통으로 등 쪽이 울린다. 요로결석 통증은 돌이 생긴 위치에 따라 통증 부위가 다르다. 예를 들면 신장결석은 등에서 옆구리, 돌이 요관에 있을 때는 그 위치에 따라 격렬한 요통이나 하복부통, 회음부통, 허벅지 안쪽에서 통증을 느끼며, 남성은 정소 통증, 여성은 외음부 통증을 느끼기도 한다.

하복부 통증을 느끼는 질환은 중앙부 통증의 경우 급성 방광염이나 급성 전립선염, 전립선증, 간질성 방광염 등이 있다. 급성 방광염의 대부분은 여성에게 나타나며, 급성 전립선염은 남성 질환으로 배뇨 시 통증이나 빈뇨 등이 동반된다. 하복부 편측 통증은 난소 질환 이외에 대장 등 비뇨기와 생식기 이외의 질환이 원인일 수도 있어서 전문가의 연계가 필요하다.

배뇨 시 통증은 요도염이나 전립선염 등으로 요도가 자극되어 나타나는 경우가 있지만, 방광염이나 방광암, 요도결석으로 인해 통증이 나타나기도 한다.

그림 3-59 : 비뇨기 질환으로 아픈 부위

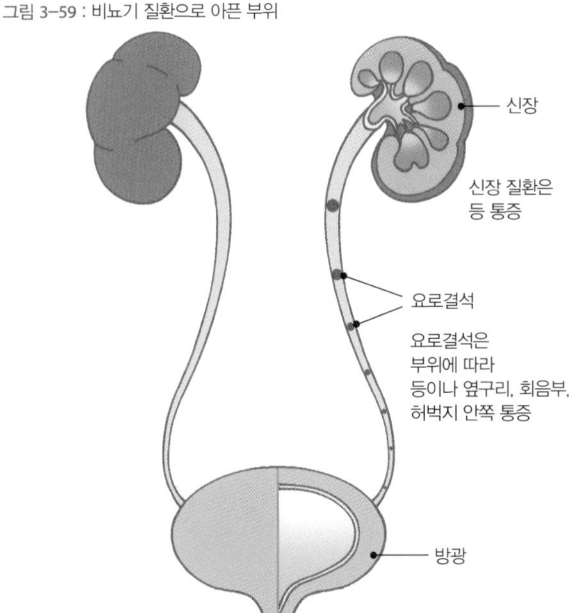
신장
신장 질환은
등 통증
요로결석
요로결석은
부위에 따라
등이나 옆구리, 회음부,
허벅지 안쪽 통증
방광

신장 질환 통증은 등, 요관 질환 통증은 부위에 따라 다르다. 방광 질환은 하복부 중앙에서 통증을 느낀다.

비뇨기 질환 통증의 특징은 아래와 같다.

- 신장결석 : 한쪽 등이나 요부의 간헐적인 격렬한 통증. 돌이 움직이면 통증 위치가 이동한다.
- 신장종양 : 한쪽 등이나 요부의 지속적인 둔감한 통증.
- 요로결석 : 돌의 위치에 따라 다르며, 요부에서 회음부나 허벅지 안쪽에 걸친 격렬한 통증.
- 요도염 : 하복부 중앙이나 회음부의 배뇨 시 통증. 배뇨 이외에 요도의 이상감 · 열감.
- 방광염 : 하복부 중앙의 위화감과 통증. 배뇨 시 통증이 심해진다. 소변검사가 정확하다.
- 방광암 : 초기에는 통증이 없다. 진행되면 하복부 통증과 배뇨 시 통증, 혈뇨가 나타난다. 소변검사와 영상 검사를 해야 한다.
- 전립선비대증 : 처음에는 통증이 없다. 빈뇨와 야간 빈뇨, 배뇨장애가 주요 증상이다. 비대한 정도가 크면 하복부나 회음부 통증이 나타날 수 있다. 전립선암과 구분하는 진단이 필요하다.
- 전립선암 : 초기에는 통증이 없다. 진행되면 하복부나 회음부 통증이 나타난다. 배뇨 시 통증, 사정 시 통증, 뼈로 전이되면 몸 곳곳에 통증이 나타날 수 있다. 혈액검사(PSA 수치)나 영상 검사, 조직검사를 해야 한다.

이러한 질환은, 통증진료과에서는 각 질환의 화학요법이나 수술요법에 동반되어 통증이 있으면 각 전문의와 협력하여 통증을 완화시킨다. 또 통증이 완화되면 화학요법이나 수술요법의 효과가 높아지기도 한다.

예를 들면 신결석이나 요로결석 치료 시 대량의 물을 마시거나 링거로 수분을 공급해 소변을 내보내는데, 이때 지속적 경막외 차단을 실시하면 요관이 이완되어 돌이 나오기 쉽고 통증도 사라진다. 이로 인해 치료 효과가 높아져 환자도 편하게 치료받을 수 있다.

여성 질환 통증 : 생리통(월경곤란증)

월경 시 하복부통, 요통 등의 통증을 호소하는 질환(p.184 **그림 3-60**)으로, 심해지면 사회생활이 힘들어진다. 기질적인 이상이 없는 기능성 월경곤란증과 기질적인 질환을 동반하는 기질성 월경곤란증(속발성 월경곤란증)이 있다.

월경 시 자궁내막에서 만들어지는 프로스타글란딘(PG)이라고 하는 생리활성 물질의 생산과잉 등이 원인으로 추정되고 있다. PG는 전신의 혈관 평활근을 수축시켜 두통이나 구토 등을 유발하여 자궁의 과잉 수축에 의한 통증을 일으킨다.

기질성 월경곤란증은 자궁내막증이나 자궁선근증, 자궁근종, 드물게 자궁의 기형에 의해 발병하는 경우가 있다. 월경이 시작되면 하복부통이나 요통, 두통, 설사, 발열, 메스꺼움(오심), 구토 등의 증상을 보인다.

생리통의 정도 평가에는 VRS(Visual Rating Score)와 NRS(Numerical Rating Scale) 두 가지 방법을 이용한다(p.187 **그림 4-1**).

내진이나 직장 검사, 초음파 단층법 등으로 기질적 질환의 유무를 확인한다. 자궁내막염이나 자궁선근증, 자궁근종, 자궁 기형 진단에는 MRI가 유용하다. 또 자궁내막증이나 자궁선근증이 의심될 경우에는 보조 진단으로 혈액 중 CA125(종양 마커 검사 중 하나)를 측정하기도 한다. 기질적 질환이 원인인 경우 그 질환을 치료한다.

기능성 월경곤란증은 통증이 경도이면

그림 3-60 : 자궁 부속기와 생리통

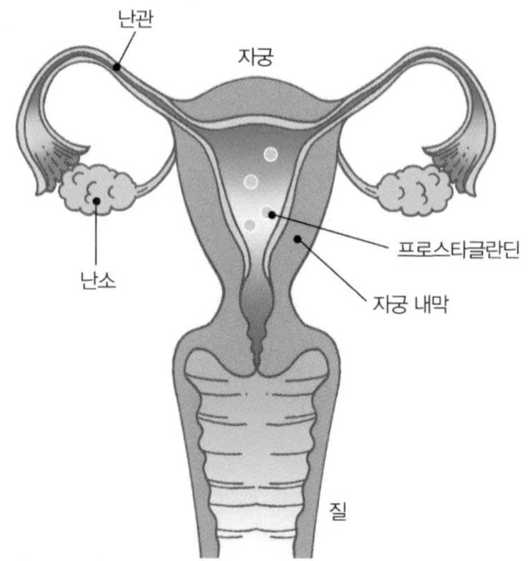

자궁 내막에서 만들어지는 프로스타글란딘에 의해 온몸의 혈관이나 자궁이 과잉 수축하여 생리통을 일으키는 것으로 알려져 있다.

진통제 복용과 경과 관찰로 충분하다. 진통제로는 주로 PG 합성 저해 작용이 있는 비스테로이드성 진통제(NSAID)나 월경이 시작되기 전부터 한방약을 복용한다. 통증이 심할 때는 저용량 피임약을 복용하면 월경 양이 줄고 대부분 통증도 개선된다.

저용량 피임약은 기질적 질환을 동반하는 경우에도 효과적이다. 수술요법에는 복강경을 사용한 자궁 천골인대 절단으로 인대의 구심성 신경을 절단하는 방법과 천골 전면의 신경총을 절단하는 방법이 있다.

증상이 심할 때는 자궁전적출술이나 난소절제술을 실시하기도 한다. 월경통은 젊은 여성에게서 꽤 높은 빈도로 나타나는데, 노화나 출산 횟수와 함께 감소한다. 통증 정도가 심하거나 연령이 많은데도 월경통이 나타날 때는 산부인과에서 진료받는 것이 좋다.

제4장

통증은 어떻게 케어할까?

통증은 어떻게 평가할까?

임상 현장에서 통증을 객관적으로 평가하는 것은 힘들다. 피부 위에 전기 자극을 실시하여 통증이 나타나는 전류의 세기를 측정해 질환에 따른 통증과 비교하거나, '통각 측정 기구(algometry)'로 압력을 가해 자극하여 통증이 나타나는 압력을 측정해 비교하는 방법이 시도되고 있는데, 바쁜 진료 현장에는 적합하지 않다.

임상 현장에서는 주로 환자가 통증에 대해 주관적으로 평가한다.

● 통증 세기 평가

통증의 세기를 평가하기 위해서는 아래와 같은 방법을 이용한다.

① 시각 통증 척도(visual analogue scale : VAS) : 이 평가 방법이 일반적이다. 이 방법은 길이 100밀리미터의 선을 단 얇고 긴 종이를 피검자에게 보여주고 왼쪽 끝은 무통, 오른쪽 끝은 지금까지 느껴본 최악의 통증이라고 설명하고, 현재 느끼는 통증 정도를 연필로 마크하게 한다(**그림 4-1 위**).

② 수치 평가 척도(numerical rating scale : NRS) : 통증의 세기를 0에서 10까지 11단계로 구분하고, 현재 느끼는 통증 정도를 구두로 말하게 한다(**그림 4-1 가운데**).

③ 구두 평가 척도(verbal rating scale : VRS, verbal description scale : VDS) : 미리 결정된 통증 세기 스코어를 구두로 말하게 한다(4단계 - 0 : 아프지 않다 1 : 조금 아프다 2 : 꽤 아프다 3 : 참을 수 없을 정도로 아프다 등).

④ 그 외 소아용에는 표정 표시(face rating scale : FRS) : 시각적으로 그림화한 것이다(**그림 4-1 아래**).

위의 네 가지 이외 통증 세기 평가에는 맥길 통증 질문표(MPQ : McGill Pain Questionnaire)가 있다. 맥길 대학의 멜잭 박사가 1975년에 통증과 관련된 다수의 단어를 분류한 질문표로, 꽤 복잡해서 심리학 분야에서는 간이형 질문표가 이용된다. 이외에도 행동을 평가하는 방법이 있다.

그림 4-1 : 통증 세기 평가

시각 통증 척도(VAS)

수치 평가 척도(NRS)

0 : 통증이 없음
1 : 약간의 통증
2 : 조금 신경 쓰이는 통증
3 : 신경 쓰이는 통증
4 : 꽤 신경 쓰이는 통증
5 : 매우 신경 쓰이는 통증
6 : 업무에 지장 있는 통증
7 : 업무를 할 수 없는 통증
8 : 참을 수 있는 정도의 통증
9 : 참을 수 없는 통증
10 : 죽고 싶을 정도의 통증

표정 표시(FRS)

통증은 어떻게 진단할까?

통증을 진단할 때는 임상 약리학적 방법이 이용된다. 앞에서 설명한 교감신경절의 테스트 차단이 효과를 보여 통증이 없어지면 허혈성 통증이라는 것을 알 수 있고, 항염증(소염)진통제를 복용하여 통증이 사라지면 염증에 의한 통증이라는 것을 알 수 있다. 또 항경련제를 복용하여 통증이 사라지면 경련과 관련된 통증이라고 진단을 내린다. 또 항우울제나 향정신제를 복용하여 통증이 완화되면 심인성 영향이 강하다고 할 수 있다. 이러한 진단법을 약리학적 진단법이라고 한다(**표 4–2**).

표 4–2 : 통증의 약리학적 진단법

방법	효과	진단
1. 교감신경절 차단	심부 체온 상승 통증 경감	허혈성 통증
2. 소염진통제 투여	염증과 통증 경감	염증성 통증
3. 상기 방법에 전혀 효과가 없음	없음	신경장애성 통증 (뉴로퍼식 페인)
4. 항불안제 투여	통증 경감 불안 소실	불안긴장성 통증
5. 항우울제 투여	우울증 상태 경감 통증 경감	심인성 통증

'날록손'이라는 마약 길항제(μ오피오이드 수용체 차단제)로 뇌에 존재하는 마약 유사 물질이 관여했는지 확인할 수 있고, 효과를 보이면 진통제도 선택할 수 있다.

통증은 매우 주관적인 데다 그 표현도 다양해서 통증만으로 증상을 판단하는 것은 어렵다. 임상 현장에서는 주로 앞에서 설명한 시각 통증 척도(visual analogue scale)와 수치 평가 척도(numerical rating scale)를 사용하는데, 이러한 방법은 그 표현에 개인차가 있다. 그때그때의 심리적인 상태로 변화할 수 있는 것이다.

우울해지면 수치가 높아지고, 배경 음악이 있으면 수치가 낮아지는 것으로 알려져 있다. 또 날씨에 따라 수치가 변화하기도 한다. 추위나 고습도, 저기압일 때 수치가 높아진다.

그 이유는 감정과 관련된 대뇌변연계(해마, 편도체 등)나 자율신경 중추에 해당하는 시상하부가 깊이 관여하고 있기 때문이다(p.27 **그림 1-13**, p.38 **그림 2-4**). 따라서 통증의 진단과 치료는 케이스에 따라 자가 치료가 요구된다.

개인적인 의견이지만, 시상하부는 '눈에 보이지 않는 조용한 몸의 엔진'인 것 같다. 모든 신체 정보의 최종 공통 통로로서 교감신경 활동이나 호르몬을 조절하여 통증에 크게 관여한다. 이 엔진을 직접 치료 대상으로 삼는 것은 어렵다. 그래서 이 엔진 기능에 영향을 미치는 다양한 요인을 종합적으로 진단하여 치료해야 한다.

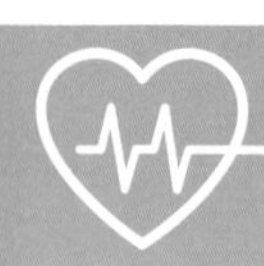

통증 완화 전략

통증 완화 전략으로 염증성 통증은 항염증 진통제, 말초 순환부전에 의한 통증은 교감신경절 차단 · 체성 신경의 선택적 신경 차단(저농도 국소마취제로 교감신경 절후 섬유를 포함한 얇은 신경섬유만 차단), 신경성 동통은 항우울제 · 항경련제 · 물리적 자극(전기자극을 포함)으로 원래 체내에 있던 내인성 진통 기구를 활발하게 하는 것 등을 들 수 있다. 원인이 잠재되어 있는 경우(암성 통증)에는 마약 사용도 고려할 수 있다. **그림 4-3**, p.192 **그림 4-4**에 그 전략 계획이 정리되어 있다.

이 중에서도 약을 사용하지 않고 내인성 진통 기구를 활발하게 하는 방법이나 신경 차단으로 순환을 개선하는 방법이 부작용이 없어서 치료에 가장 적합한 것으로 간주된다.[48, 49]

그러나 실제 임상 현장에서는 이러한 원인이 복합적으로 작용하여 쉽게 해결되지 않는 경우가 많다. 환자의 체질이나 성격, 성별, 연령, 직업, 기왕력, 기후 등도 통증 발생 메커니즘에 복잡하게 작용한다.

그렇기 때문에 맞춤형으로 치료법을 선택할 수밖에 없는 경우가 종종 있다. 즉 근거중심의학(evidence-based medicine)뿐만 아니라 서사중심의학(narrative-based medicine)이 더욱 중요해진 것이다.

암성 통증도 기본적으로 만성통인 경우와 마찬가지지만, 조기에 제대로 통증을 완화하는 것이 중요하다. 통증은 기억되고, 또 통증을 제대로 완화하면 암에 의해 발생하는 각종 합병증을 억제할 수 있는 것으로 보고되고 있기 때문이다.

마약으로 인한 부작용은 충분히 컨트롤할 수 있다. 다만 마약에 따라 완

48 下地恒毅(編著)「刺激鎮痛のすべて」(新興医学出版, 2010年, p17~36)
49 Chou R, Atlas SJ, Stanos SP, Rosenquist RW. : Nonsurgical interventional therapies for low back pain: a review of the evidence for an American Pain Society clinical practice guideline.Spine 2009 ; 34:1078–93.

그림 4-3 : 통증 완화 전략 I

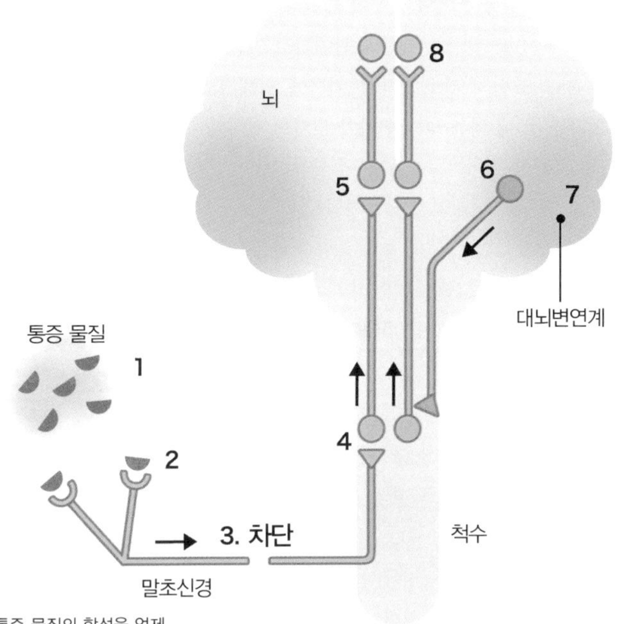

1. 통증 물질의 합성을 억제
2. 통증 물질과 수용체의 연결을 저해
3. 통증 전도를 차단
4. 통증의 화학 전도를 억제
5. 통증을 뇌에서 느끼지 못하게 하거나 통증을 고통스럽지 않게 함
6. 통증을 억제하는 메커니즘을 활성화
7. 통증 기억을 완화
8. 불안을 제거

화되지 않는 암성 통증이 15~30% 정도 있다. 이러한 환자에게는 동시에 다른 방법, 즉 신경파괴제를 이용한 영구 신경 절제술이나 외과적인 방법도 사용해야 한다.

만성 통증 질환 중에서 특히 신경인(장애)성 통증은 완화하기가 쉽지 않다. 예를 들면 대상포진 후 신경통이나 외상 후에 발생하는 복합부위 통증 증후군(CRPS)이다. 이는 그 발생 구조가 아직 제대로 밝혀지지 않아서 그렇기도 하다.

앞에서 설명했듯 뇌나 척수에 뉴런의 그물망과 같은 구조가 병적으로 재생되는 것이 발생 구조에 일부 관여하고 있는 것으로 보인다. 다시 말하면 뇌나 척수 뉴런의 가소성(외부 자극에 의해 항상 기능적 · 구조적 변화를 일으키는 것)에 의해 병적 변화가 생기는 것이다.

그림 4-4 : 통증 완화 전략 II

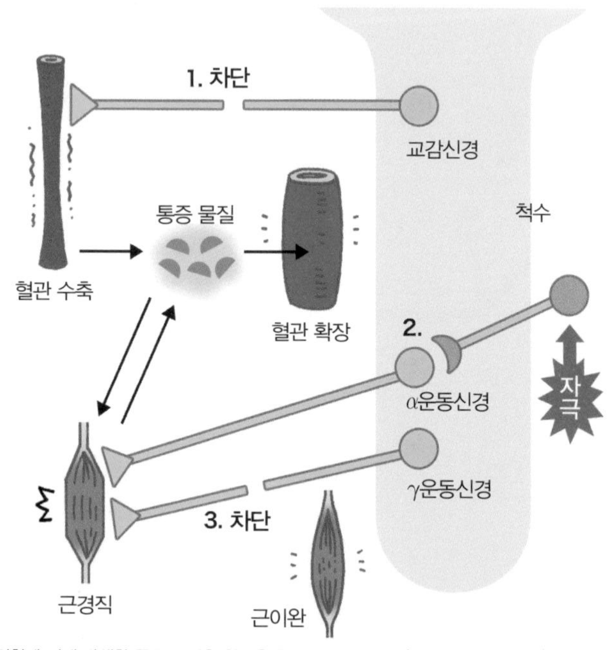

1. 허혈에 의해 발생한 통증 물질을 혈관을 확장하여 씻어낸다(교감신경 차단).
2. 근경직(근긴장)을 억제하여 축적된 통증 물질을 흘려 보낸다(신경 차단, 전기자극, 중추성 근이완제 등).

교감신경 긴장 과다에 의한 악순환을 끊어내다

만성통은 하나의 스트레스로 작용한다. 반대로 정신적인 스트레스는 만성통을 유발한다. 이러한 스트레스 요인은 대뇌피질에서 수용되어 감정 중추인 대뇌변연계에 작용한다. 그래서 불쾌감이나 고통과 같은 감정이 나타나는 것이다. 이 상태가 지속되면 대뇌 전체의 제어기능에 장애가 생겨 우울 증상이 나타난다.

또 대뇌변연계와 연결성이 강한 시상하부(자율신경과 호르몬 중추)로 정보가 이동하여 교감신경 활동이 긴장 과다 상태가 된다. 이 교감신경 긴장 과다 상태야말로 다양한 악영향을 미치는 원흉이다.

이렇게 만성통이나 스트레스, 불면증, 교감신경 긴장 과다는 서로를 악화시킨다. 여기에 대처하기 위해서는 이 나쁜 요인들을 각각 처치해야 한다. 그 중에서도 만성통에 의해 일어나는 교감신경 긴장 과다가 악순환의 근원이자 결과이기 때문에, 이 근원과 결과를 끊어내는 것이 치료 방법으로는 부작용도 적고 효과적이다(p.194 **그림 4-5**, p.45 **그림 2-8**). 통증진료과에서 실시하는 신경 차단은 대부분이 교감신경 활동을 차단하는 데 중점을 두고 있다.

교감신경의 긴장 과다가 만성 통증의 원인과 악순환에 크게 관여하고 있다는 것은 제2장에서 여러 사례를 들어 설명하였다. 또 교감신경 긴장은 통증뿐만 아니라 모든 질환의 원인과 악순환과 관련되어 있다는 것을 지금까지의 임상 경험을 통해 알 수 있었다. 그렇다면 교감신경 활동 과다를 일으키는 원인과 그 활동을 차단해야 한다.

이러한 증상은 국소 또는 전신의 교감신경 긴장 과다가 원인인 경우가 대부분이다. 교감신경 긴장 상태를 초래하는 것은 ① 전신성, 즉 마음가짐과 ② 국소 반사성으로 일어나는 교감신경 긴장 과다이다. 이 국소성 긴장 과다는 주변으로 퍼지고 그 정도가 심해지면 뇌를 자극하여 전신의 교감신경 긴장 과다를 초래한다(p.194 **그림 4-5**, p.12 **그림 1-2**). 지속적인 교감신경 긴장 과다는 각종 질환의 진행을 가속시키거나 악화시킨다.

국소성으로 인한 교감신경 긴장 과다가 발생하였을 때 교감신경절 차단을 실시하면 혈관이 확장하여 증상이 점점 사라진다. 오히려 통증의 원인을 쉽게 알 수 있게 된다.

정신적인 긴장에서 오는 교감신경 긴장 과다 증상일 때는 그 원인에 따라 항불안제(데파스), 항우울제(데프로멜, 테트라마이드)를 처방하여 교감신경 긴장 과다를 억제할 수도 있다. 균형 잡힌 항불안제 · 항우울제 사용이나 교감신경절 차단으로 증상이 완화되기도 한다.

그림 4-5 : 통증의 악순환을 교감신경 활동 과다 부위(①~④)에서 차단하거나 그 활동을 조장하는 부위에서 차단

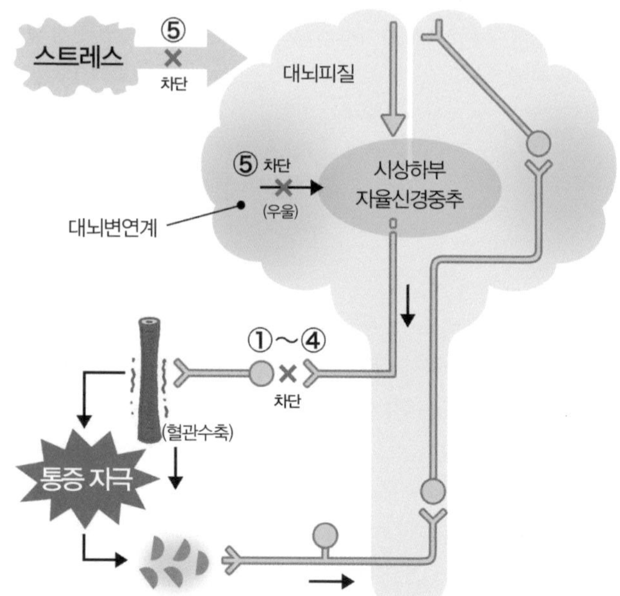

〈교감신경 활동 과다를 차단하는 방법〉

① 성상신경절 절제 – 두부나 안면, 경부, 상지, 흉부(심장) 등의 허혈성 통증
② 흉부 교감신경 차단 – 심장신경증, 상지다한증, 버거씨병 등
③ 복부 교감신경 차단 – 내장통(급성 · 만성 이자염, 암성 동통 등)
④ 요부 교감신경 차단 – 하지 허혈성 통증 등
⑤ 전신의 교감신경 활동 과다를 차단

통증 기억을 차단하다

최근 신경과학 영역에서는 신경 가소성(plasticity)이라는 말을 자주 사용한다. 앞에서 설명했듯이 학습이나 기억의 구조와 비슷하여, 통증에 의한 신경 가소성(즉 통증 기억)이 중요한 작용을 하는 것으로 알려져 있다. 통증이 지속되면 통증을 전달하는 말초신경(1차 뉴런)의 수용체나 척수, 뇌에서 신경과 신경을 잇는 시냅스(신경과 신경을 잇는 틈으로, 여기에서 신경의 화학적 전달이 이루어짐)의 화학적 전달로 변화가 일어나고, 이로 인해 신경망(신경의 그물망과 같은 네트워크)이 재구축되어 병적인 신경 활동이 지속된다(제1장 참조).

이 '통증 기억'이 사람의 경우에도 이른 시기에 발생한다는 것을 시사하고 있다(p.196 **그림 4-6**). 이러한 연구에서 가능한 조기에 통증을 치료하는 '선공 진통(先攻鎮痛)'의 개념이 생겨 임상적으로도 응용되고 있다. 예를 들면, 수술로 통증 자극을 억제할 때 수술 전부터 강력히 진통 처치하면 수술 후 통증 발생을 막을 수 있다.[50, 51]

만성통 질환에서 이 '통증 기억'이 실제 증상과 어느 정도 관련되어 있는지는 아직 증명되지 않았다. 하지만 가능하다면 조기에 치료해야 통증의 악순환을 차단할 수 있고, 또 이 통증 기억이 형성되기 전에 치료하는 것이 합리적이다.

신경조직의 손상을 회복하는 과정에서 어째서 계속 통증이 지속되는지, 즉 기억되는지 그 발생 구조는 아직 밝혀지지 않았다. 통증이 지속되면 자율신경 기능뿐만 아니라 정신 기능에도 영향을 미친다. 통증 자체가 하나의

---

50 Aida S, Yamakura T, Baba H, Taga K, Fukuda S, Shimoji K. : Preemptive analgesia by intravenous low-dose ketamine and epidural morphine in gastrectomy: a randomized double-blind study. Anesthesiology. 2000;92:1624-30.

51 Aida S, Fujihara H, Taga K, Fukuda S, Shimoji K.:Involvement of presurgical pain in preemptive analgesia for orthopedic surgery: a randomized double blind study.Pain. 2000;84:169-73.

증상을 만드는 것은 물론 질환을 악화시킨다.

통증은 기억되고 지속되어 또 이후에 발생할 통증에 민감해지며, 그 기억이 재현되어 우울감을 동반하게 된다. 즉 통증이 지속되면 불안이나 불쾌함과 같은 정신적인 영향이 나타난다.

따라서 통증 기억을 차단하는 가장 좋은 방법은 이 통증을 최대한 빨리 충분히 완화하는 것이다.[52]

그림 4-6 : 통증 자극 차단은 속도가 중요

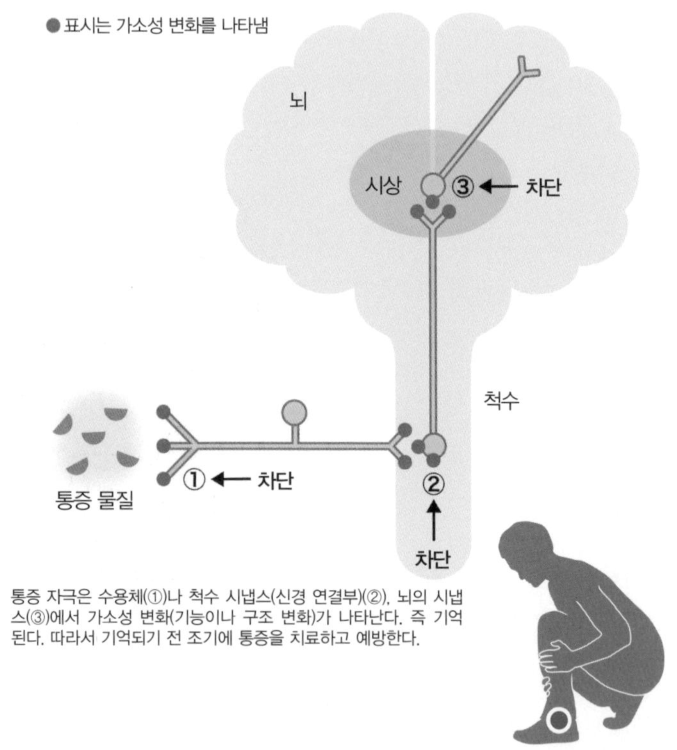

통증 자극은 수용체(①)나 척수 시냅스(신경 연결부)(②), 뇌의 시냅스(③)에서 가소성 변화(기능이나 구조 변화)가 나타난다. 즉 기억된다. 따라서 기억되기 전 조기에 통증을 치료하고 예방한다.

52 Touche RL, Paris-Alemany A, Suso-Martí L, Martín-Alcocer N et al.:Pain memory in patients with chronic pain versus asymptomatic individuals: A prospective cohort study. Eur J Pain 2020;24:1741-1751.

신체의 통증 억제 기구를 활성화하다

한편 앞에서 설명한 것처럼 생체에는 통증에 대한 통증 억제 기구가 있다는 것이 1960~1970년에 밝혀졌다. 게이트 컨트롤설(p.17 **그림 1-6**)은 임상 현장에서 다양한 물리적 통증 억제 수단(예를 들면 척수 전기자극이나 말초 신경 전기자극, 침 자극 등)을 설명하는 근거가 된다.[53, 54]

척수의 경막외강(척수를 덮고 있는 경막과 척추뼈를 덮고 있는 황인대 사이의 공간)에 전극을 장착한 부드러운 지속 경막외 마취용 카테터를 삽입하여 피부 외부에서 미세한 전류를 흘려보내면 진통 효과를 얻을 수 있다.[55, 56] 이 진통 효과는 뇌의 마약 유사 물질 발견[57]으로 뇌의 진통 기구를 활성화시키는 데 일부 관여하고 있다는 것도 밝혀졌다.

즉 뇌에는 원래부터 마약 유사 진통 물질이 있어서, 자신의 통증을 억제하는 메커니즘이 존재한다면 이 진통 기구를 활성화하는 것이

53 Reynolds DV. : Surgery in the rat during electrical analgesia induced by focal brain stimulation. Science. 1969; 164:444-5.
54 Shealy CN, Mortimer JT, Hagfors NR.:Dorsal column electroanalgesia. J Neurosurg. 1970;32:560-4.
55 下地恒毅, 東英穂, 加納龍彦, 浅井淳, 森岡亨: 局所通電による疼痛除去の試み [Electrical management of intractable pain]. 麻酔20:444-447, 1971.
56 Shimoji K, Higashi H, Terasaki H, Morioka T.Clinical electroanesthesia with several methods of current application. Anesth Analg. 1971;50:409-16.
57 Hughes J, Smith TW, Kosterlitz HW, Fothergill LA, Morgan BA, Morris HR. Identifi cation of two related pentapeptides from the brain with potent opiate agonist activity.Nature. 1975;258:577-80.

자연스러운 치료법이 될 것이다.

뇌나 척수 등의 중추신경 자극에 의해 나타나는 전기자극 진통이나 침, 그 외의 물리적 자극은 뇌나 척수의 마약 유사 물질(오피오이드)의 분리를 초래한다는 것이 밝혀졌다. 이후 연구에 의해 이 내인성 진통 기구는 오피오이드계와 비오피오이드계가 있다는 것도 밝혀졌다. 즉 중추신경에는 자체 진통 기구가 있으며, 상행성 또는 하행성 진통 억제계로서 생리적으로 작동한다(그림 4-7).

뇌나 척수를 자극하는 진통법은 실제로 약물이나 신경 차단으로 치료되지 않는 완고한 통증에 이용된다.

그림 4-7 : 신체에 갖춰진 진통(통증 억제) 기구를 활성화한다.

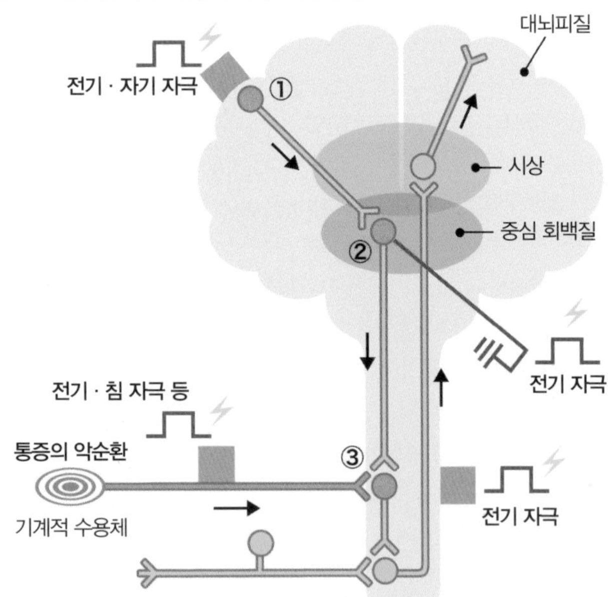

대뇌피질(①)이나 뇌 심부(②)를 전기 자극하거나 척수 뒷면(③)을 경막외강을 통해 전기 자극하면 뇌나 척수에 있는 진통 기구가 활성화하여 통증이 완화되는 방법이다. 피부 위에서 전기 자극을 가하거나 침으로 자극하면 진통 효과를 얻을 수 있다.

통증에 대한 실제 치료법

통증을 완화하는 치료법으로, 염증 통증에는 항염증 진통제, 말초 순환 부전에 의한 통증에는 교감신경절 차단 또는 체성신경의 선택적 신경 차단(저농도 국소마취제로 얇은 신경섬유만 차단), 완고하고 강한 통증에는 마약, 신경인성 통증은 항우울제, 항경련제 또는 중추신경에 원래 있는 통증 억제 메커니즘(통증 억제계)을 물리적 자극(전기자극 포함)으로 활성화시키는 방법 등을 생각할 수 있다.

암성 통증도 기본적으로는 만성통의 경우와 마찬가지로 조기에 충분히 통증을 완화해야 한다. 통증을 충분히 완화하면 암에 의해 발생하는 각종 합병증을 억제할 수 있고 마약에 의한 부작용도 제대로 통제할 수 있다.

만성 통증이라고 하더라도 그 원인은 다양하다. 그중에서 특히 신경인성(장애성) 통증을 완화하는 것은 쉽지 않다. 그 발생 구조가 아직 제대로 밝혀지지 않은 탓이다. 현재 밝혀진 내용은 뇌나 척수에서 뉴런망(신경세포의 그물 구조)에 병적인 재생이 발생한다는 것이다. 바꿔 말하면 뇌척수 내 뉴런의 가소성(p.44 '통증은 기억된다' 참조)에 변화가 생긴다는 것이다.

치료 시에는 ① 신경세포 연결부의 병적 상태를 정상적인 결합으로 되돌리고 ② 병적 상태 결과 발생한 통증을 불쾌하지 않게 하며 ③ 신경세포의 병적인 결합에 대항하여 다른 새로운 결합을 만들어 통증 정보를 변조시키고 ④ 신경세포의 병적 결합이 발생하지 않도록 통증의 억제 기구를 활성화시켜야 한다. 모든 수단을 동원한 종합적인 치료 대책이 필요하다.

● 1 신경 차단

신경 차단은, 신경 근처까지 주삿바늘을 넣어 우선 만성적으로 통증이 있는 질환(만성 통증 질환)은 ① 통증을 전달하는 신경 활동을 차단하여 통증 감각의 전도를 억제, ② 교감신경(절후 신경)을 차단함으로써 혈관을 확장시켜 혈류를 개선, ③ γ운동신경을 차단하여 근육의 긴장을 억제하는 것이 목적이다. 이렇게 선택적으로 얇은 신경을 차단하는 방법을 '선택적 신경 차단'이라고 한다(p.194 **그림 4-5**). 경막외 차단의 예를 그림으로 나타내었다(**그림 4-8**).

그림 **4-8** : 경막외 차단(횡단면)

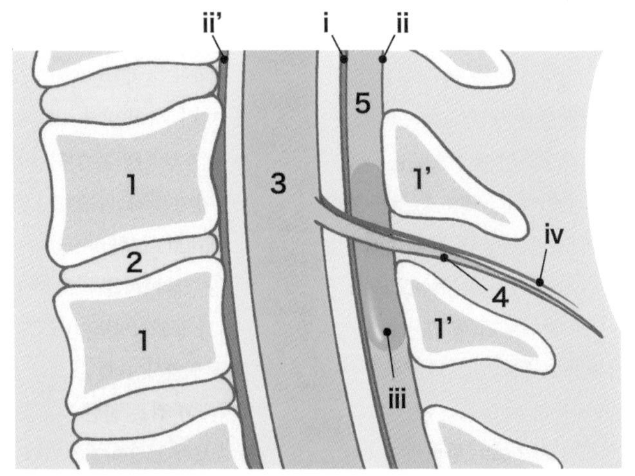

1. 척추 추체　1'. 척추 극돌기　2. 추간판　3. 척수　4. 말초 신경　5. 경막외강
i. 경막　ii. 황인대　ii'. 후종인대　iii. 경막외강에 들어간 약액　iv. 말초 혈관

운동신경이나 지각신경 중 신체의 위치각이나 촉각, 진동각 등 신체의 자세나 운동과 관련된 지각신경 기능은 그대로 두고, 병적 통증을 전달하는 얇은 C 섬유나 얇은 교감신경 절후섬유를 저농도 국소마취제로 차단한다. 차단을 통해 병적 통증을 제거하고 혈류를 증가시킨다.

통증을 제거하고 혈류를 증가시키는 것이 이 치료법의 기본이다. 특히 혈류 증가로 국소 혈행 개선이 신경 차단의 만성 통증 질환에 대한 예방적 치료 효과로 이어질 수 있다. 병적 통증으로 생긴 악순환(p.35 **그림 2–1**, p.46 **그림 2–8**)을 끊어내어 정상적인 항상성(호메오스타시스)으로 돌아오게 하는 방법이다.

● 2 전기적 치료법

전기적 치료를 위해 다양한 기기가 개발되었다.[58] 전기 제품 매장에는 일반 가정에서 사용할 수 있는 경피적 말초 신경 전기자극 장치가 있다. 이 장치는 전기적 펄스파로 굵은 말초 신경을 자극하여 게이트 컨트롤설(p.17 **그림 1–6**)을 바탕으로 통증의 화학적 전달을 억제하기 위해 만들어진 것이다.

동양 의학적 침 치료와 조합한 바늘 자극법도 있다. 이 방법은 직접 말초 신경을 자극하는 것이 아니라, 동양 의학적인 방법으로 단지를 자극한다는 점이 다르다. 이 방법은 침구원이나 일부 병원에서도 실시한다. 어떻게 효과가 있는지 그 메커니즘은 아직 밝혀지지 않았다(p.203 **그림 4–9**).

등에서 척수를 자극하는 방법도 있다. 척수의 경막외에 경막외강이라는 공간이 있는데, 그곳에 얇은 전극을 심어 스스로 자극하는 방법이다.[59,60] 이 방법은 완고하고 각종 치료에 반응하지 않는 통증에 실시한다.

뇌 심부 자극이나 뇌 표면 자극은 척수 전기자극과 같은 얇은 전극을 뇌에 심어서 자극하는 방법이다. 이 방법도 각종 치료에 반응하지 않고 치료가 힘든 사례에 실시하며, 하행성 통증 억제계의 활성화를 목적으로 한다.

최근에는 경피적으로 미주신경을 자극하는 방법도 이용하게 되었다. 이 방법은 뇌신경의 일부인 미주신경(부교감신경이 많이 포함되어 있음)이 뇌에서 나와서 내려가는 경부의 피하에 전극을 심어서 자극하는 방법이다. 긴장 과다 상태인 교감신경의 균형을 잡거나 또는 부교감신경 활동이 우위가 되도록 자극한다. 통증뿐만 아니라 치매나 일부 간질, 우울증과 같은 정신 질환은 물론 심부전과 같은 순환 질환에도 응용되고 있다.

---

58 下地恒毅『ペインクリニックの理論と実 際』(1988年, 新興医学 出版)pp129–131.
59 下地恒毅(編著)『刺激鎮痛のすべて』(2010年, 新興医学出版)pp1–51.
60 Shimoji K:Spinal cord stimulation and recording technique. Neuromonitoring for the Anesthesiologist,edited by Koht A,Soan T,Toleikis R, 2010.

● 3 다양한 물리 치료법

재활 치료법의 대부분이 여기에 해당한다. 물리적으로 핫팩이나 마이크로웨이브(극초단파)로 온열을 가해 국소 유혈을 개선하거나 마사지로 근육 경직을 풀어 혈류를 개선하는 방법, 스트레칭 등으로 관절의 움직임을 교정하여 쉽게 움직일 수 있게 하는 방법 등이 있다.

또 통증 때문에 보행이 힘든 사례에서는 통증진료과와 공동 신경 차단으로 통증을 제거한 후에 보행 훈련을 한다. 가장 효과적인 물리 치료법은 반복적으로 실시하는 것이지만, 보행이나 운동, 스트레칭 등 자신에게 맞는 방법을 찾아서, 그 방법을 지속하는 것이다.

침 치료도 이 범주에 속한다. 중국의 전통적인 방법에 따라 각각의 질병이나 통증에 맞춰 단지에 침을 삽입해 치료한다. 그 작용 구조는 아직 밝혀지지 않았다.

● 4 최소 침습 수술

최소 침습 수술이란, 몸에 부담을 주지 않고 최대한 작은 상처 부위나 침습이 적은 방법으로 수술하는 것이다. 신경 차단 방법이나 그 응용과 내시경 발달로 이 방법이 이루어지게 되었다. 이 수술법은 내장 기관뿐만 아니라 많은 상황에 적용할 수 있다.[61]

척추뿐만 아니라 척수 수술도 미세한 내시경을 이용하여 진단은 물론 수술도 가능하다.[62, 63, 64, 65]

추간판 헤르니아의 경우 기존에는 수술로 추궁 절제술이 이루어졌지만, 최근에는 차단 침을 이용해 헤르니아를 일으키는 추간판에 경피적으로 삽입하여 감압하거나 적출할 수 있다. 통증진료과에서 실시한 결과도 꽤 좋으

---

61 下地恒毅(編著)『電気鎮 痛のすべて』(2010年, 新興医学 出版)2010;pp55–99.
62 Shimoji K, Fujioka H, Onodera M, Hokari T, Fukuda S, Fujiwara N, Hatori T. : Observation of spinal canal and cisternae with the newly developed small–diameter, flexible fiberscopes. Anesthesiology. 1991;75:341–4.
63 Uchiyama S, Hasegawa K, Homma T, Takahashi HE, Shimoji K. : Ultrafine flexible spinal endoscope(myeloscope) and discovery of an unreported subarachnoid lesion.Spine 1998;23:2358–62.
64 Tobita T, Okamoto M, Tomita M, Yamakura T, Fujihara H, Baba H, Uchiyama S, Hamann W, Shimoji K. : Diagnosis of spinal disease with ultrafi ne fl exible fi berscopes in patients with chronic pain.Spine 2003;28:2006–12.
65 Shimoji K, Ogura M, Gamou S, Yunokawa S, Sakamoto H, Fukuda S, Morita S. : A new approach for observing cerebral cisterns and ventricles via a percutaneous lumbosacral route by using fi ne, fl exible fi berscopes.J Neurosurg. 009;110:376–81.

며(p.204 사진 4-10, p.204 사진 4-11), 이 새로운 방법은 장기간 추적 조사할 필요가 있다.

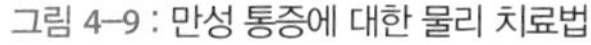
그림 4-9 : 만성 통증에 대한 물리 치료법

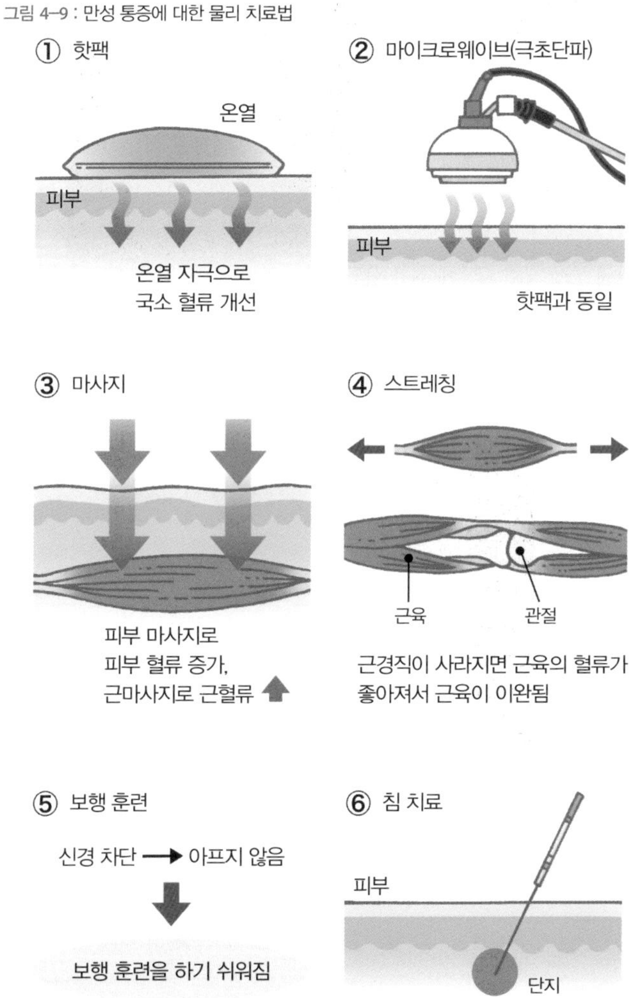

사진 4-10 : 추간판 헤르니아(42세 · 남성)의 MRI 영상(좌)과, 같은 환자의 경피적 추간판 감압술의 X레이 사진(우)

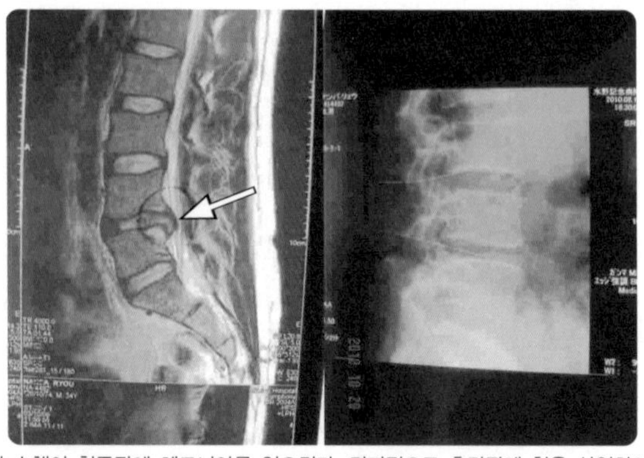

추간판의 수핵이 척주관에 헤르니아를 일으킨다. 경피적으로 추간판에 침을 삽입하여 감압술을 하는 부위를 X레이로 찍었다. 위쪽 바늘은 가이드의 목적에 따라 삽입되었다.

사진 4-11 : 경피적 추간판 감압(적출) 수술 중 X레이 사진

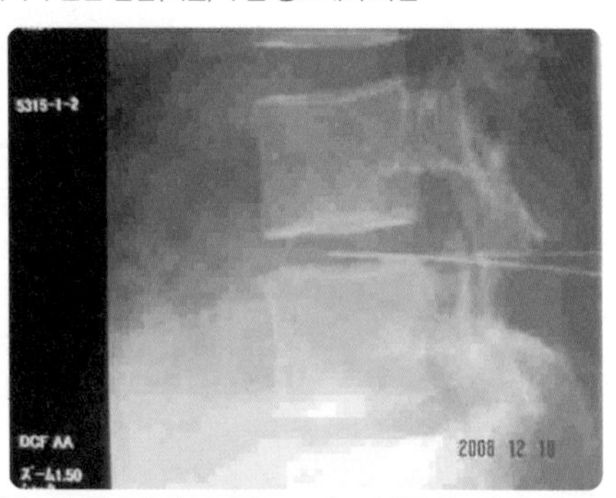

국소 마취하고 얇은 바늘을 이용해 경피적으로 헤르니아를 일으킨 추간판을 감압하는 중이다. 헤르니아를 일으킨 추간판이 신경이나 혈관을 기계적으로 압박하여 통증을 일으키는 것으로 알려져 있다. 최소한의 침습으로 얼마나 높은 효과를 얻을 수 있는지 도전이 계속되고 있다.

● 5 통증 치료제

통증 치료제도 천차만별이다. 염증에 의한 통증에는 주로 항염증 진통제가 이용되는데, 합제도 이용된다. 효과가 작거나 부작용(약진(약으로 인한 피부 발진)이나 속쓰림 등)이 있는 경우에는 다른 약으로 처방을 바꿔야 한다.

항간질약은 일부 신경원성 통증에 효과가 있는데, 그 작용 구조는 아직 밝혀지지 않았다. 뇌의 억제성 전달물질인 γ-아미노 낙산 작용이 증가하는 것으로 보인다. 마찬가지로 '카바마제핀(테그레톨)'도 항간질제인데, 삼차신경통과 같은 발작성 신경통에 효과적이다.

이러한 항간질제에는 졸음이나 환각, 기립성 어지럼증, 그 외 혈액 변화 등의 부작용이 있어서 의사와 충분히 상의한 후에 복용해야 한다. 또 정기적인 혈액 검사가 필요하다.

작용 구조는 밝혀지지 않았지만, 한방약이나 일부 허브류가 효과가 있는 경우도 있다. 모든 약은 최대한 약에 의존하지 않는 방법으로 통증에 대처한다.

동시에 심한 우울증이 있다면 항우울제, 불안 증상이 있다면 항불안제 등의 약을 사용하면 효과를 높일 수 있다. 또 이러한 약을 병용하면 부작용도 심해질 수 있다.

통증 치료 수단을 어떻게 조합하느냐에 따라 통증 치료 효과나 예방 효과에 영향을 줄 수 있다. 약을 사용하지 않는 것이 무조건 좋은 것은 아니다.

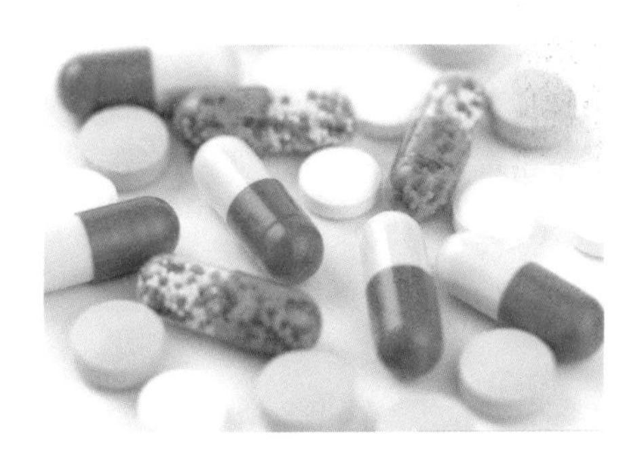

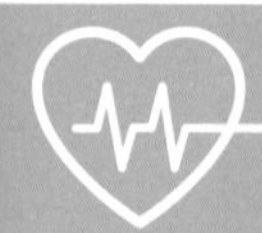

통증진료과(페인클리닉)란?

통증진료과란, 통증을 동반한 질환을 치료하고 완화해 주는 외래 병원으로, 주로 통증진료 학회 전문의가 치료한다.

통증진료과에서 취급하는 질환은 ① 기본적으로 통증을 치료한다. 그다음이 ② 만성 통증으로 신체 통증에서 오는 불안이나 불면증, 우울 등의 증상이 있는 경우, ③ 반대로 불안에서 오는 신체 통증, 우울에서 오는 신체 통증이 있는 경우, ④ 신체 통증에서 오는 신체 활동 저하, 일상생활 활동 저하가 있는 경우, 치료나 예방적 수단을 강구하고 생활 습관을 지도하며 환자를 돕는다. 특히 최근에는 마음의 통증 즉, 불안이나 우울 상태에서 오는 신체 통증이 증가 추세에 있다.

개인적인 의견이지만 통증진료과는 각종 통증의 원인에 대해 다양한 방법을 동원하여 심신의 통증에 최적의 방법으로 대처하고, 생체 항상성(호메오스타시스)의 불균형을 바로잡는 예방적 치료를 한다고 생각한다. 심신의 통증을 완화하는 것은 물론이고, 이와 동시에 개개인의 신체 기능이나 생활력, 생활 습관에 맞춰 전신 관리, 예방적 관리를 다른 과와의 협업을 바탕으로 실시한다. 응급과나 집중 치료실에서 응급 환자를 보는 것처럼, 만성 통증 환자를 치료하는 것이다.

치료 방법에는 시설에 따라 다소 차이가 있지만, 주로 신경 차단 요법이나 약물요법, 전기 자극 요법, 최소 침습 외과 요법, 심리요법, 물리치료 요법 등이 있다(**표 4-12**).

표 4-12 : 통증진료과의 다양한 치료 방법

1 신경 차단

외래에서 실시하는 신경 차단의 주요 목적은, 얇은 교감신경 절후섬유를 저농도의 국소마취제로 차단하여 그 지배 영역의 혈관을 확장시켜 혈류를 개선하는 데 있다. 그 결과 정체된 통증 물질이 흐르게 되면서 혈류가 증가하여 지배 영역으로 산소가 공급돼 영양이 유지된다.

(1) 저농도 국소마취제에 의한 선택적 신경 차단 : 경막외 차단 등
(2) 국소마취제에 의한 교감신경절 차단 : 성상신경절 차단 등
(3) 신경파괴제에 의한 생체 신경 또는 자율신경 차단 :
  삼차신경 차단, 신경근 차단, 흉부 · 요부 교감신경절 차단 등
(4) 전체 척수 차단 : 위 차단으로 효과가 없는 경우

2 국소마취 · 케타민 · 마약 정맥 점적 : 적정법에 의해 전신 통증을 완화

3 전기자극에 의한 진통법 : 경막외 척수 전기자극법, 뇌 심부 전기자극법, 경피적 전기자극

4 전기응고법

(1) 체성신경 · 교감신경절 전기 응고법 :
  삼차신경절, 요부 · 흉부 교감신경절
(2) 추간판 전기 응고법 · 적출술 · 감압술
(3) 후근 진입부 파괴술(교양질 파괴술)

5 그 외 치료법

지주막하 차단, 국소 정맥 내 차단, 지속 신경 차단(체내 이식),
통증 자가 조절법(PCA), 냉동 진통법, 바이오 피드백,
최면 치료, 플라세보 효과 등

스스로 할 수 있는 15가지 통증 치료 · 예방법

지금까지의 임상 연구나 임상 경험을 바탕으로 환자에게 다음의 15가지 예방법을 추천하였다.

1. 통증을 완화하는 메커니즘(내인성 통증 억제 기구)을 활성화한다

우리 신체에는 원래부터 통증을 억제하는 메커니즘이 있다. 그렇기 때문에 억제 메커니즘을 활용하는 것이 가장 자연스럽게 자신의 회복력을 높일 수 있는 방법이다. 이 방법에는 다음과 같은 것이 있다. ① 명상이나 요가를 한다. 이 방법은 어디에서나 가능하다. ② 과학적인 방법에 따라 최면 요법을 실시한다. 단 이 방법은 정통한 전문가가 아니면 위험할 수 있으므로 주의할 필요가 있다. ③ 피부의 전기자극법이나 침 자극과 같은 물리적 자극을 활용한다. 이 방법 중에서는 스스로 할 수 있는 것도 있다.

2. 근육을 단련한다

근육 결림이나 통증은 외상 이외에는 근육에 충분한 혈류가 없어서 발생하는 경우가 대부분이다. 이를 완화하기 위해서는 평소 몸을 자주 움직여 근육의 혈액 흐름을 좋게 해야 한다. 다만 무리하면 역효과를 낼 수 있으므로 주의해야 한다. 예를 들면 요통이 있을 때는 자세에 주의하고 무거운 것을 들지 않아야 한다(p.115 **그림 3-30**). 즉 무리하지 않는 선에서 운동하거나 집에서도 항상 몸을 움직여 근육을 활발하게 한다. 그러면 몸 전체의 혈행도 좋게 유지할 수 있다. 걷기도 그중 하나로, 가장 효과가 있는 방법으로 알려져 있다. 걸을 때는 최대한 보폭을 넓게 하는 것이 좋다.

3. 몸을 따뜻하게 한다

온천이나 욕조에 들어가 혈행을 좋게 한다. 들어간 후에는 몸이 차가워지지 않도록 한다. 신경 차단 요법은 국소 혈류를 개선하는 것이 최대 목적이다. 재활(온열 요법이나 마사지 등)로도 국소 혈류가 개선되어 몸이 따뜻해진다.

4. 근육의 긴장을 풀어준다

근육은 다양한 이완법으로 풀린다. 예를 들면 스트레칭이나 요가, 마사지 등으로도 뼈나 근육, 힘줄 등의 혈행이 좋아지고, 그 결과 조직의 영양도 좋아진다. 음악이나 영화, 다양한 놀이, 여행, 반려동물 키우기, 마음 맞는 친구와 대화하기 등 개인의 취미나 기호에 맞는 활동을 하면 근육의 긴장을 풀 수 있다.

5. 업무를 촉박하지 않게 처리한다

현재 하고 있는 일을 애매하게 방치해두면 교감신경의 긴장을 유발할 수 있다. 통증과 관계없다고 생각할 수 있지만, 일을 하는 사람에게는 중요하다.

일을 애매하게 처리하면 이것이 지속적인 스트레스로 작용하여 대뇌변연계를 통해 우울 상태, 시상하부를 통해 교감신경 긴장 상태를 일으킨다. 서두르지 말고 차분히 일을 진행해야 한다. 무조건 일을 완수하지 않더라도 노력하는 상태를 만들면 자율신경의 안정을 도모할 수 있다. 통증을 동반하는 질환에는 특히 전신의 긴장 상태에 의한 혈행 부전이 크게 작용한다.

6. 즐거운 일을 한다

가능한 즐거운 일을 하면 부교감신경이 활발해지고 교감신경의 과흥분을 억제하여 자율신경이 안정된다. 또 부교감신경이 활발해지면 뇌의 시상하부를 통해 뇌하수체에서의 호르몬 분비가 정상적으로 유지된다. 병은 마음에서 비롯된다.

7. 술을 줄이고 담배를 끊는다

적당한 알코올은 전신의 혈행을 좋게 하면서 사람을 유쾌하게 만든다. 알코올은 사람과 사람의 커뮤니케이션에 긍정적으로 작용하기 때문에 대뇌변연계에도 좋은 작용을 한다. 다만 적당한 알코올의 양은 인종이나 개인에 따라 다르다.

문헌에 나와 있는 알코올의 적정량은 미국과 유럽 사람들의 평균치이다. 보통 남성은 하루에 2잔 이내, 여성은 1.5잔 이내라고 하는데, 이는 어디까지나 평균치에 불과하므로 모든 사람에게 적용할 수 없다. 과음에 의해 알코올 중독이 되면 치료가 어려우므로, 알코올을 좋아하는 사람은 정기적으로 간 기능 검사를 해야 한다.

담배는 모든 질환과 마찬가지로 통증 질환에도 좋지 않다. 담배에 들어 있는 니코틴은 혈관을 수축시키며, 신경 차단 효과를 상쇄시킨다. 이보다 더 큰 문제는 담배 연기에 포함된 다양한 독성 물질이다.

담배에 만성적으로 노출되면 세포가 변이를 일으킨다. 세포핵에 있는 유전자에 장애를 일으켜 심장이나 혈관 등 모든 세포에 영향을 미친다.

본인뿐만 아니라 주변 사람의 건강에 안 좋은 영향을 미친다(간접흡연). 최근, 담배를 피웠던 사람이 있던 방의 벽이나 바닥에서 강력한 발암 물질이 검출되었다. 흡연자가 담배를 피지 않을 때도 발암 물질이 공기 중으로 발산되고 있다는 것이 밝혀진 것이다.

8. 수면을 충분히 취한다

불면증은 교감신경의 긴장을 유발하고 대뇌변연계를 통해 우울 상태를 초래한다. 이 내용은 앞에서 설명한 바 있다. 다만 수면 시간은 사람에 따라 상당히 다르다. 하루의 균형 잡힌 생활 리듬이 수면에 좋은 영향을 미친다.

9. 모든 것은 적당히

이 내용은 5번 내용과 모순된다고 생각할 수 있는데, 사람의 생리 활동에는 자연스럽게 한계라는 것이 존재한다. 장기간 일에 몰두하거나 과도하게 운동하면 항상성(호메오스타시스)에 문제가 생긴다. 이는 질환이나 통증의 원인이 되고, 악화의 원흉이 된다.

10. 식사량은 적당히

과식은 대사 증후군의 원인이 될 뿐만 아니라 체중 증가로 척추나 무릎 관절, 고관절, 발 관절에 하중을 더해 뼈나 연골의 변성에 의한 각종 통증 질환을 일으킨다. 추간판 헤르니아나 변형성 무릎 관절증 등이 바로 그것이다. 결과적으로 운동량이 제한되어 악순환의 원인이 된다.

11. 통증 치료는 조기에

통증은 뇌나 척수는 물론 말초 신경에서 기억되는 것으로 알려져 있다. 최대한 조기에 치료나 예방을 해야 통증이 기억되지 않으며, 만성화나 악화를 예방할 수 있다.

12. 진통제는 적당히

많은 진통제는 항염증 진통제이다. 강한 약은 그 만큼 부작용도 따른다. 특히 소화 기관에 대해 작용하는 약이 많다.

따라서 진통제는 부작용이 적은 약을 사용하고, 장기간 복용할 경우에는 정기적으로 혈액 생화학적 검사를 받는 것이 좋다. 약품에 따라 다르지만, 혈액 생화학적 검사는 약 3개월에 한 번씩 하는 것이 좋다. 이 검사로 약의 부작용 체크는 물론 전신 건강도 체크할 수 있다. 건강은 약보다 평소에 챙기는 것이 중요하다.

13. 통증에 익숙해지기

검사 결과 통증의 원인을 알게 되었다면, 어느 정도 통증에 익숙해질 필요가 있다. 통증에 익숙해지면 스트레스가 줄고 통증이 경감된다.

그림 4-13 : 15가지 통증 치료와 예방법(다음 페이지에 이어짐)

① 통증 억제 기구의 활성화

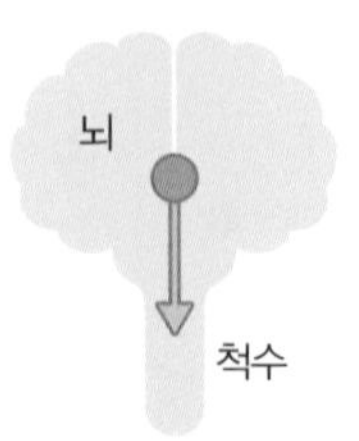

② 근육 단련

③ 몸을 따뜻하게

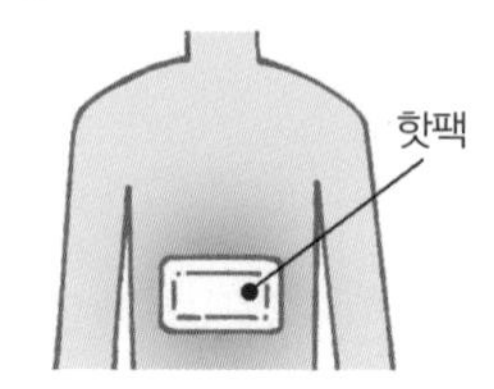

④ 긴장된 근육 이완

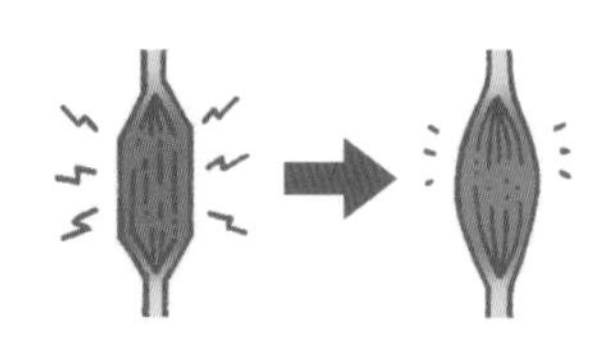

⑤ 일할 때 초조해하지 않기

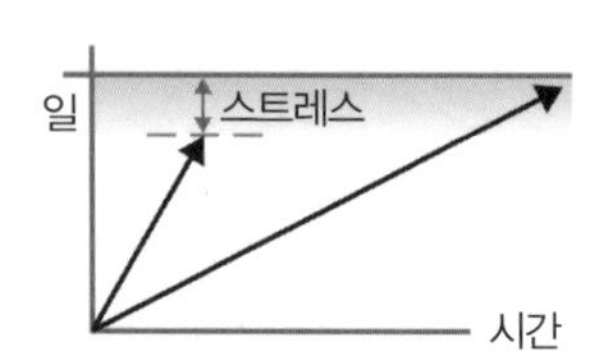

⑥ 즐거운 일 하기

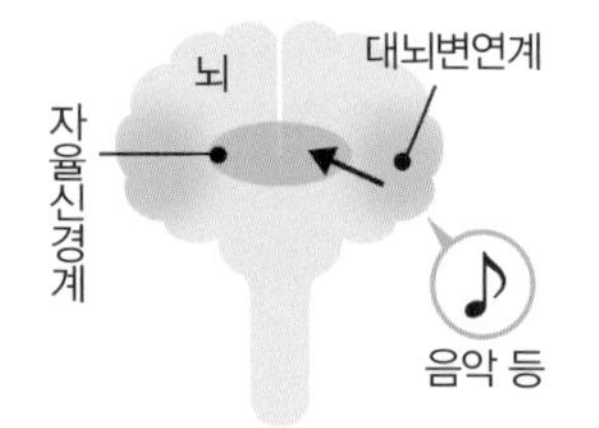

⑦ 금연

⑧ 충분한 수면

그림 4-13 : 15가지 통증 치료와 예방법

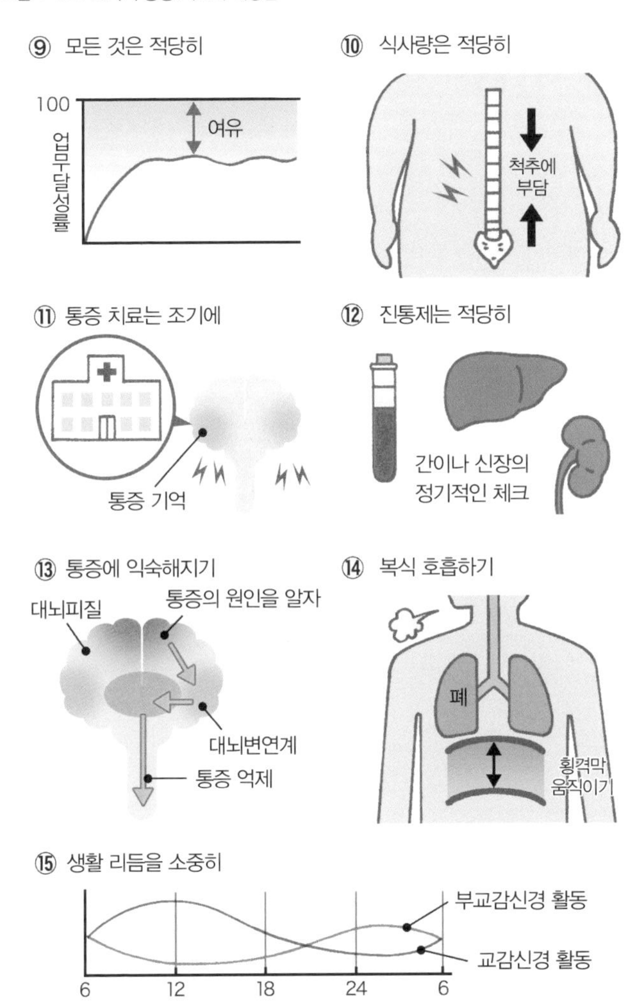

14. 복식 호흡하기

깊게 복식 호흡하고, 최대한 숨을 길게 내뱉다가 다 뱉었을 즈음 복근에 힘을 준다. 이 호흡법은 부교감신경을 활성화하여 교감신경의 활동 과다를 억제하고 통증을 완화해 준다.

15. 생활 리듬을 소중히

매일 규칙적으로 일어나면 생체 리듬을 바로잡을 수 있다. 자율신경이 안정되고 더 나아가서는 신체의 항상성(호메오스타시스)을 유지할 수 있다. 기상 시간은 개인의 업무나 생활에 맞춰 결정하면 된다.

암 통증 치료법(완화 케어)이 있을까?

앞에서도 설명했듯이 암의 특징은 초기에는 통증이 없다는 것이다. 이것이 암의 발견을 늦추는 원인이기도 하다. 그러나 진행되면 암 환자의 50~80%가 통증을 호소한다. 암 통증의 원인은 p.217 **그림 4–14**와 같다. 그림으로 나타낸 통증의 원인에 따라 치료하며, 이 치료는 신체와 마음의 통증을 완화하는 것이 목적이다.

세계보건기구(WHO)는 '완화 케어란, 생명을 위협하는 질환에 의한 문제에 직면한 환자와 그 가족에 대해, 초기에 통증과 신체적 문제, 심리 · 사회적 문제, 정신적 문제에 관해 적절한 평가를 실시하여, 신체장애를 예방 · 대처함으로써 생활의 질을 개선하는 접근'이라고 정의하고 있다.[66]

즉 완화 케어는 환자의 상황에 따라 신체 증상의 완화나 정신 심리적인 문제에 대한 지원을, 말기는 물론 치료 초기 단계부터 적극적으로 치료와 병행하여 실시해야 한다.

완화 케어(호스피스) 역사에 대해 간단히 살펴보자. 호스피스는 1967년에 영국의 시슬리 손더더스 여사에 의해 탄생한 성(聖) 크리스토퍼 호스피스가 완화 케어를 목적으로 세운 첫 시설이다.

일본에서는 1981년에 세이레이 미카타하라 병원 내에 세이레이 호스피스가 설립되었고, 1984년에는 요도가와 크리스트교 호스피스가 설립되었다. 1990년에는 일정 시설 · 인원 기준을 충족한 완화 케어 병동에 대한 의료 보험 제도가 도입되었다. 이어 2002년에는 일반 병상에서도 일정 조건에서 이뤄지는 완화 케어에 대해 의료 보험을 적용받을 수 있게 되었다.

NPO 일본 호스피스 완화 케어 협회의 자료에 따르면, 2010년 기준 일본

66 Anekar AA, Cascella M: WHO Analgesic Ladder. In: StatPearls [Internet]. Treasure Island (FL): StatPearls Publishing; 2021.

전국에 203개 시설(4,065 병상)밖에 없으며, 이는 암에 의한 사망자 약 34만 명의 13% 정도에 지나지 않는다. 아직 많이 부족한 실정이다.

한국 최초의 호스피스 활동은 1965년 강릉 갈바리 의원의 마리아의작은 자매회에서 시작되었다. 1980년대 들어 년대 들어 종교단체와 연관된 기관이나 대학에 종사하는 일부 의사와 간호사들이 관심을 가지기 시작하여 산발적으로 증가하여 왔고, 1990년대 와서 수적 양적으로 급속히 팽창하여 많은 사람들이 관심을 가지기 시작하였다.[67] 2008년 7.3%에 불과하던 호스피스 · 완화의료이용률은 2021년 기준 23.2%로 3배 이상 증가하였다.[68] 또 2022년 9월 기준 전체 의료기관 중 입원형 호스피스 · 완화의료가 설치된 의료기관은 2.9%(95개소)에 불과하여 호스피스 · 완화의료의 공급이 생애 말기 돌봄 수요를 충분히 수용하지 못한다. 이에 호스피스 · 완화의료 제공 기관과 대상자의 범위를 지속적으로 확대해야 한다는 목소리가 높아지고 있다.[69]

암 통증이 있는 환자 케어는 만성 통증이 있는 환자와 기본적으로 다르지 않지만, 통증을 키우는 원인에 세심하게 대처할 필요가 있다.

---

67 이건세, 주지수, 김정회, 김건엽, 한국 호스피스 · 완화의료 기관 현황 및 과제, 한국 호스피스 · 완화의료학회지 제 11 권 제 4 호 2008, 196–205.
68 보건복지부, 중앙호스피스센터, 2023.
69 신양준, 김진희, 김희년, 신영전, 호스피스 · 완화의료 이용자의 삶과 죽음의 질에 영향을 미치는 요인에 대한 체계적 문헌고찰, 보건사회연구, 2023, 144–137.

그림 4-14 : 암 통증의 원인

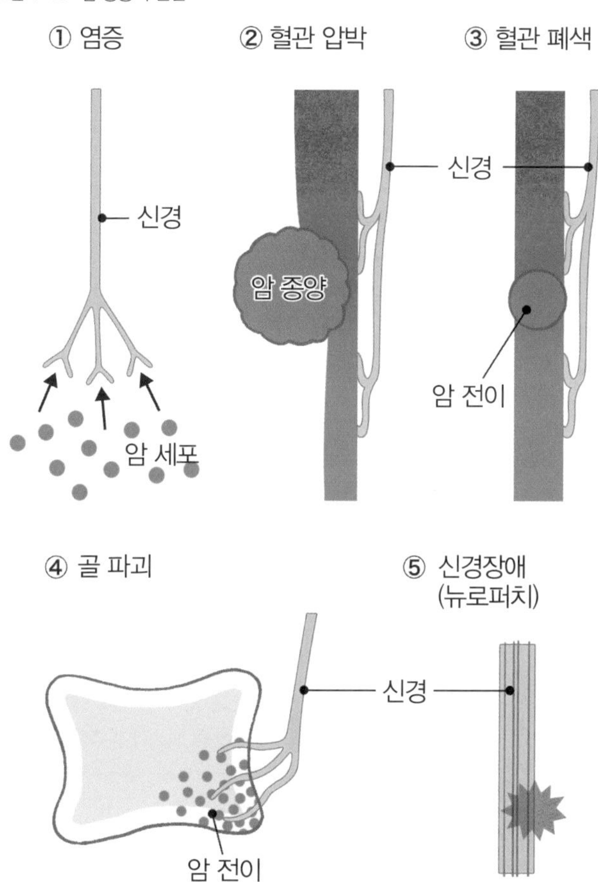

● 말기 암 통증에 대한 대응

말기 통증이 있는 환자 관리에 대한 기본적인 생각을 정리하면 아래와 같다.

① 환자뿐만 아니라 가족의 신체적 · 정신적 케어가 중요하다.
② 통증은 가능한 조기에 대처한다(통증은 기억되기 때문). 암 자체를 치료함과 동시에 통증에 대한 치료와 케어를 시작한다.
③ 오피오이드를 최대한 조기 단계부터 충분히 사용한다.
④ 오피오이드 투여는 단순한 방법(경구 투여)부터 시작한다(환자에게 불필요한 부담을 주지 않는다).
⑤ 병적 통증이 있는 한 마약 의존 · 내성은 발생하지 않는다.
⑥ 마약 투여량에는 원칙적으로 제한이 없다.
⑦ 마약에 의한 합병증을 끊임없이 모니터하고 대처한다(합병증은 충분히 대처할 수 있다).
⑧ 말기 환자 케어란, 즉 환자뿐만 아니라 그 가족에 대한 케어이기도 하다.
⑨ 말기 환자 케어에 최소 공배수는 있지만 최대 공약수는 없다. 즉 환자 케이스마다 다르다는 것이다. 환자의 기호나 인생관, 종교, 경제력, 직업 등을 고려해야 한다.
⑩ 암 통증 치료에는 암 치료 전문의나 통증진료과, 약사, 간호사, 엔지니어 등 파라메디컬 스태프, 때로는 종교인 등을 더한 팀 의료가 필수적이다.[70]

70 Currow DC, Agar MR,Phillips JL:Role of Hospice Care at the End of Life for People With Cancer. J Clin Oncol 2020;38(9):937–943.

수술 후 통증에 어떻게 대처할까?

누구나 수술을 불안해한다. 그 불안 중에서 가장 큰 것이 수술 중 통증과 수술 후 통증이라는 것이 보고된 바 있다.

수술 중 통증은 20세기 중반부터 대체로 해결되었다. 바로 마취제 발달과 수술 중 전신 관리학 즉 마취 과학 발달이다. 예를 들면 폐 수술을 할 때도 환자는 인공호흡기 발달로 한쪽 폐만으로도 호흡할 수 있게 되었다. 또 폐와 심장 모두 교체하는 경우에도 인공 심폐 장치로 심장과 폐를 대신할 수 있게 되었다. 장기를 이식할 수 있게 된 배경에는 수술 중과 수술 후의 전신 관리 기술의 진보가 있다. 이와 함께 수술 전후나 마취 전후의 호흡과 순환, 대사에 대한 관리, 즉 주술기(환자가 병원에서 진료받는 전체 기간 – 옮긴이)의 발달도 잊어서는 안 된다.

앞으로의 문제는 수술 후 통증과 심리 케어이다. 수술 후 통증 문제도 대부분 해결되었다. 많은 의료 시설에서 마약을 적절히 사용하고 신경 차단법을 지속적으로 실시하고 있다. 또 환자가 아플 때 언제든 진통제나 마취제를 스스로 넣을 수 있는 장치도 있다.

큰 수술 후에는 집중 치료실에서 통증이나 호흡, 순환 등 집중적으로 전신 관리를 하기 때문에 걱정할 필요가 없다. 또 수술 후 피로감이나 나른함도 충분히 대처할 수 있게 되었다.

다만 최근 문제가 되고 있는 것이, 집중 치료실에서 이루어지는 환자의 심리 케어이다. 전신마취에서 깨지 않고 의식이 없는 경우에는 환자에게 불안이 없지만, 의식이 있는 경우에는 집중 치료실의 소리나 빛, 자신의 자세, 신체 자유도 등을 의식하게 되어 불안이나 긴장이 생긴다.

회복실이나 집중 치료실에서의 심리 케어도 점점 발전하고 있다. 밤에는 최대한 빛을 낮추고, 의료인은 최대한 조용히 처치하며, 인공호흡기 등의 기기 소리도 조용한 것으로 발전했다. 또 시설에 따라서는 개인의 취향에 맞춰 음악을 들을 수도 있다. 수술 후 자세나 신체의 고정 정도도 환자의 습관이나 취향에 최대한 맞출 수 있게 되었다. 가능한 한 빨리 신체를 움직여야 수술 후 회복이 빨라진다는 것을 알게 되었기 때문이다. 수술 후 통증이나 심리 케어 문제는 담당 주치의와 마취과 전문의와 충분히 상담해야 한다.

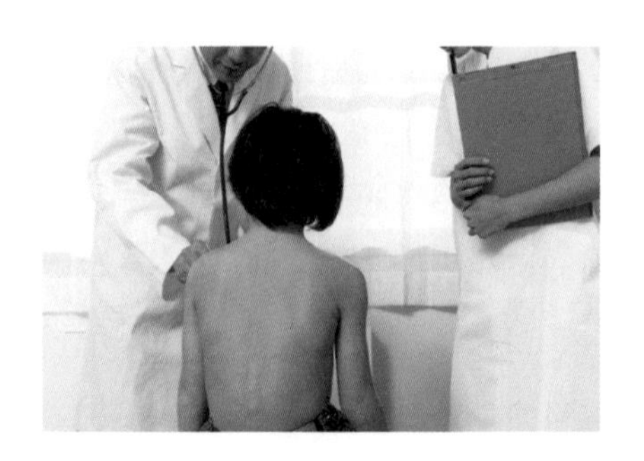

마치며

통증 치료와 완화는 환자의 신체와 마음 통증을, 의사를 포함한 주변 사람들이 얼마큼 공유할 수 있는지가 중요하다. 그러나 이는 꽤 어려운 문제이다. 타인의 통증은 직접 경험하지 않으면 알 수 없다. 또 경험한다고 하더라도 그 통증은 주관적이다. 개인마다 통증의 성질이나 정도가 다르며, 그 통증에 대한 표현 방식도 다르다. 통증이 그 사람의 일상생활에 미치는 영향은 천차만별이다.

따라서 치료할 때도 과학적 지식과 뛰어난 기술만으로는 충분하지 않다. 통증이 있는 사람의 기분을 생각하고, 그 사람과 협동 작전을 펼쳐야 한다. 이를 위해서는 환자와 의사 그리고 의료인과의 신뢰 관계 구축이 필수 조건이다. 최근 미국에서 의료용 마약 사용이 증가하고 있는 배경에도 이러한 이유가 있다고 필자는 생각한다.[71]

물론 환자 스스로도 치료에 적극적으로 참여해야 한다. 바로 이것이 심신의 통증 치료와 예방의 기본이다.

한 생명의 고통을 덜어주고
하나의 통증을 치유해 줄 수 있다면
혹은 생명이 위태로운 한 마리 울새를 둥지로 보내줄 수 있다면
나의 인생은 헛되지 않으리라

- 에밀리 디킨슨(미국의 시인, 1830~1886년)

시모지 고키

71 Bruera E : Perspective Parenteral Opioid Shortage Treating Pain during the Opioid–Overdose Epidemic. N Engl J Med 2018; 379:601–603.

하루 한 권, 통증

초판 인쇄 2023년 12월 29일
초판 발행 2023년 12월 29일

지은이 시모지 고키
옮긴이 김현정
발행인 채종준

출판총괄 박능원
국제업무 채보라
책임편집 박민지 · 김혜빈
마케팅 조희진
전자책 정담자리

브랜드 드루
주소 경기도 파주시 회동길 230 (문발동)
투고문의 ksibook13@kstudy.com

발행처 한국학술정보(주)
출판신고 2003년 9월 25일 제 406-2003-000012호
인쇄 북토리

ISBN 979-11-6983-823-8 04400
979-11-6983-178-9 (세트)

드루는 한국학술정보(주)의 지식 · 교양도서 출판 브랜드입니다.
세상의 모든 지식을 두루두루 모아 독자에게 내보인다는 뜻을 담았습니다.
지적인 호기심을 해결하고 생각에 깊이를 더할 수 있도록, 보다 가치 있는 책을 만들고자 합니다.